ウクライナ侵攻と情報戦

樹
Kazuki Ichida

目次

はじめに

ロシアのウクライナ侵攻の前年、２０２１年には6回のクーデターがあった。日本でもご存じの方が多いのはミャンマーの軍事クーデターだが、それ以外にチャド、マリ、ギニア、スーダン、ブルキナファソで発生し、民主政権から権威主義へ移行した。また、タリバンはアフガニスタンを掌握した。1月にはアメリカで大統領選の結果に不満を抱く暴徒が議事堂に乱入する事件も発生した。

21世紀に入ってから民主主義から権威主義への移行は、主として選挙によって行われてきた。選挙によって権威主義的な人物が選ばれ、そこから権威主義化する。通常、クーデターの発生件数の平均は1年当たり１・２と低い。しかし、２０２１年はその5倍に当たる。民主主義から権威主義への移行はこの20年近く続いている傾向だが、２０２１年になって、より暴力的になった。

民主主義の状況を測定しているスウェーデンの機関「V-Dem研究所」は、２０２２年の報告書で、世界各地で社会が二極化し、分断が進んでいることが、権威主義化を推し進める要因になっていると指摘している。

背景にはグローバルノース（欧米プラス韓国、日本）とグローバルサウス（上記以外の国々）との対立があるのだが、国の数や人口で世界の多数派を占めるグローバルサウスの世界は、グローバルノースの日本からは見えていない。あまり指摘されることがないのだが、日本はアジアなのにグローバルサウスではなく、グローバルノースなのに欧米ではない数少ない国だ。そのため、ほとんどの日本人にはどちらの世界もよく見えていない。かろうじて見えているのはアメリカくらいだろう。同じような境遇の国は韓国くらいしかない。

また、今回はウクライナ大統領ウォロディミル・ゼレンスキーが、重要な役割を果たしている。ゼレンスキーは欧米に対してネット世論操作あるいはハイブリッド戦を仕掛けているという分析もあるようだ。第3部で説明するが、国際世論はいったん動き出すと制御ができなくなり、場合によっては自らにも降りかかってくることがあるので、果たして「戦争」や「攻撃」と呼べるかどうかは疑問だ。ただ、ネット世論操作を仕掛けているのはその通りだと思う。欧米のネット世論操作に乗ってうまく利用し、グローバルノース全体にまで対象を拡大している。

「ゼレンスキーが大統領になったのは、実はロシアが裏で画策していたからだ」という話もある。調査報道で有名なベリングキャットのディレクターがツイッターでつぶやき、裏付けとなる資料の画像も出した。内容はコメディアンを大統領選に出馬させる計画で、名前は書かれていなかったがゼレンスキーのイメージにぴったりはまっていた。信憑性が低かったためベリングキャットでは深掘りはしなかった。

もし、ゼレンスキーが戦略的に欧米を操っているとしたら、大統領になるためロシアの作戦に乗ったふりをし、当選したらロシアと手を切り、欧米を利用してグローバルノースに影響力を行使しているということになる。歴史に残る傑物なのかもしれない。

ゼレンスキーは国際世論に乗っており、過熱した国際世論は制御できないため注意が必要だ。ただし、ロシアの作戦は検証されていない情報であり、今後の調査が待たれる。

侵攻開始以降、ロシアに関する情報はさまざまな形で流れてくるが、ウクライナ内部の情報はきわめて限定的である。また、事態は進行中であり、今後予想外の新事実あるいは新展開が待っている可能性もある。本書はあくまでも執筆時点での情報を整理したものであることを念頭にお読みいただきたい。

本書の前半の第1部と第2部は、ウクライナ侵攻とロシアのネット世論操作に関するもので、ほぼ書き下ろしである。後半は『ハーバー・ビジネス・オンライン』、『ニューズウィーク日本版』および拙ｎｏｔｅ（https://note.com/ichi_twnovel）に掲載した記事を元に加筆修正したものとなっている。古い記事は２０１８年のものだったりする。できるだけ新しい情報に更新したが、充分ではないかもしれない。現在の状況を考えると早くお手元に届けることを優先した。ご容赦賜りたい。

情報戦、ネット世論操作、フェイクニュース、デジタル影響工作、disinformation campaign……と、さまざまな呼び方があるが、ネットを通じての活動によって世論を操作することを、本書では「ネット世論操作」という言葉を使う。また、偽情報に特化した話題については、フェイクニュースあるいはdisinformation campaignを使用する。引用元が影響工作や情報戦という言葉を使用している場合など、わかりやすくするためデジタル影響工作や情報戦という言葉を用いることもある。

言葉の定義については、こうした問題を扱うために設立されたＮＡＴＯのStratCom COEすらいまだに定義は定まっていないと書いているくらい流動的である。定義が定まる頃には、だいぶ落ち着いていているだろう。

　本書では多数の資料や記事を参考にした。追補の資料と合わせてネット上で一覧できるようにしてあるので必要に応じてご参照いただきたい。ＵＲＬは、「あとがき」に掲載した。

第1部

ウクライナ侵攻と情報戦

第1章

我々には見えていないロシアの活動

ロシアがウクライナに侵攻して以来、軍事でも情報戦でもウクライナの善戦が報じられている。ネット世論操作、情報戦では、すでにウクライナが勝利したと発言する著名人も少なくない。たとえば、『「いいね！」戦争　兵器化するソーシャルメディア』（NHK出版）の著者である、国際政治学者P・W・シンガーもその一人だ。2022年3月12日に、いち早くウクライナの「いいね！」戦争での勝利を宣言した。『ワシントン・ポスト』、『ロサンゼルス・タイムズ』、『フィナンシャル・タイムズ』などでも、ウクライナ勝利の記事が見受けられた。

正直、筆者もウクライナが勝ったような気がしていたが、肝心なことを見落としていたことに気がついた。ネット世論操作は「見える前に包囲する」ことが重要であり、今回、ロシアは戦争当事者であるがゆえにそれができなかったと考えた。ロシアが過去に成功したアメリカ大統領選などの多くでは、ロシアは作戦遂行中に姿を現さないでいた。今回は当事者であるため、プーチン自らが受け入れられない主張を繰り返しているように見えたのだ。

見えている世界と、見えていない世界1

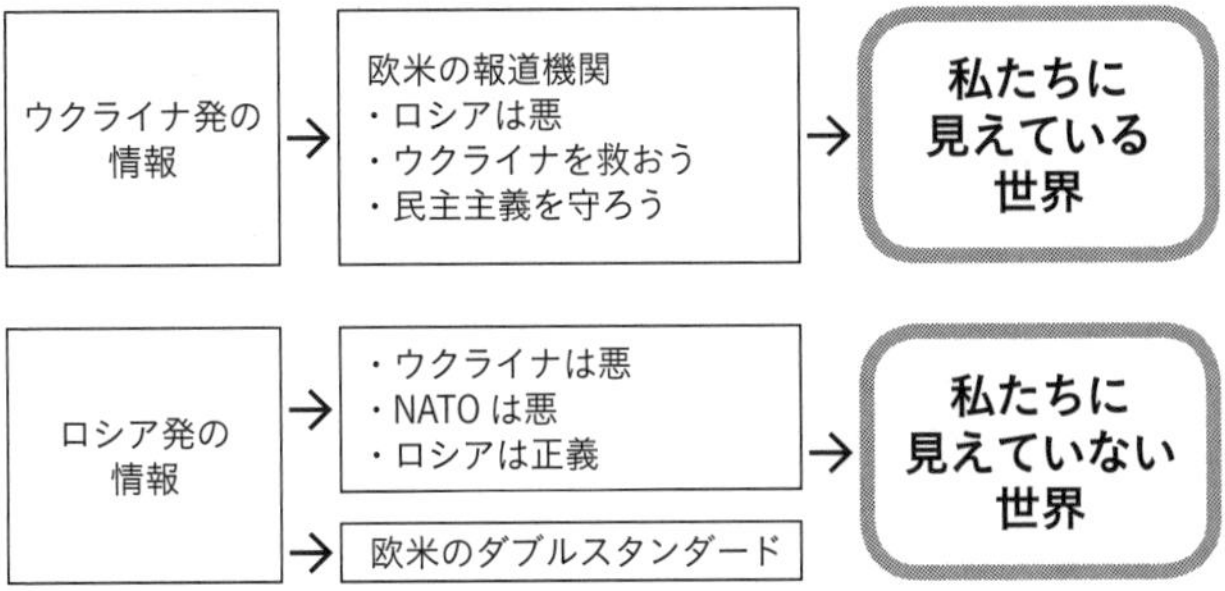

結論から言うと、筆者にはロシアのやっていることが、「見えていなかった」のである。いったん見えてくると、ウクライナが勝利したというのはいかに絵空事なのかがよくわかる。むしろ欧米は非常に危険な状況になりつつあることがわかってきた。見えていない世界では、ロシアは正義だったり、欧米は差別的だったりするのだ。そこではプーチンが語る、到底信じられないような言葉も影響力を持って伝わる。見えていない世界とはなんだろう。

もちろん、これは専門家でも研究者でもない筆者が自分で考えたことではなく、さまざまな報告書などの資料を漁り、専門機関の分析を読んで理解したことである。

ロシアとウクライナのネット世論操作の戦いを説明す

る前に、我々から見えないところでロシアがしていることをご紹介したい。

ロシアとウクライナの情報戦の前に知っておくべきこと

日本に住む私たちには、見えていないものがたくさんあり、そこにロシアの手が伸びている。ウクライナとロシアの戦いを理解する上で、重要となる以下の事項について簡単にご紹介したい。

- **コロナ禍の中で陰謀論のコミュニティにロシアは深く食い込んでいた。**
- **陰謀論のコミュニティの影響力は想像以上に大きく、選挙にも影響を与え、2021年1月6日のアメリカ議事堂襲撃事件のような事件にもつながっている。**
- **日本から見える景色はグローバルノース、それも主としてアメリカを通したものがほとんどである。グローバルサウスは見えていない。**

付け加えると、日本ではヨーロッパの多様性がよく理解されていない印象がある。たとえば、「NATO StratCom COE」が2021年10月27日に公開した「Russia's Footprint in the Western Balkan Information Environment: Susceptibility to Russian Influence」に記された、西バルカン諸国（クロアチア、ボスニア・ヘルツェゴビナ、セルビア、モンテネグロ、マケドニア、アルバニアなど）におけるロシアの影響力の分析によれば、コソボを除くほぼすべての西バルカン地域で「EUは脆く、分裂している」と考えられている。また、EU加盟が自国に不利益をもたらすと信じている者の割合も多かった（もちろん、これはロシアの影響工作の成果である）。また、各国の人口の約3分の2は、「コロナは実験室で人間によって作られた」、「ワクチン接種は必要ない」、「コロナワクチンは安全でない」と信じる傾向があったと報告されている。本稿ではわかりやすくするために、グローバルノースとグローバルサウスに分けているが、実際にはグローバルノースにもロシアを支持したり、ロシアの陰謀論を国民の多くが信じていたりする国もあるのである。

コロナ禍の中でロシアは陰謀論のコミュニティに深く食い込んでいた

「ISD（Institute for Strategic Dialogue）」の調査によれば、コロナ禍の中でロシアの国

営メディア（特に『ＲＴ』）は、欧米の反ワクチン、反ロックダウンのコミュニティで利用者を増やした。『ＲＴ』は国内向けのロシア語ではワクチンを勧め、各種制限を支持する一方で、英語などではワクチンへの疑惑を報じ、ロックダウンが自由を侵していることを非難していた。

また、２０２０年のアメリカ大統領選後、選挙の不正を訴える陰謀論者などの声を拡散し、トランプ支持者に受け入れられた。

超党派組織「ＡＳＤ（Alliance for Securing Democracy・民主主義を守る同盟）」の「Censorship and the Capitol Riot: How Big Tech Became the Target of Russian, Chinese, and Iranian Messaging」によれば、ロシアは２０２１年１月６日に発生したアメリカ合衆国議会議事堂襲撃事件の後の混乱につけ込み、フェイスブックとツイッターがトランプ前大統領のアカウントを停止したことを検閲だとして激しく攻撃した。ロシアの外交官と国営メディアのアカウントが活発にアメリカのビッグテックを攻撃していたのだ。

こうした一連の出来事によって、ロシアの影響力は、ＱＡｎｏｎなどの陰謀論者、プラウドボーイズのようなオルタナ右翼団体などに広がった。

そして、現在こうしたグループはウクライナに集中している。「NCRI（Network Contagion Research Institute）」の調査によれば、ウクライナ侵攻によって陰謀論や反NATOなど、主流ではない主張のグループが、ウクライナに注目している。「New World Order（世界新秩序。陰謀論者がしばしば用いる概念）」およびそれに関係する言葉を含むツイートが急増したのだ。この他に、ジョージ・ソロスやNATO廃止といったツイートも同じく増加した。ウクライナ侵攻前後では「New World Order」などの主流ではない主張には、コロナなどさまざまな話題が含まれていたが、侵攻後数日でウクライナとプーチンの話題に収斂《しゅうれん》した。

また、こうした陰謀論コミュニティへの食い込みに、大手メディアではなく、Telegram（ロシア製のSNS・メッセージツール）が果たした役割も大きかった。

大手SNSが、トランプとその仲間を排除したことによって、彼らがTelegramなどの他のSNSに移動したのである。ほとんどの大手メディアはTelegramにチャンネルを持っていなかったが、ロシアの国営メディアは持っていた。そのため、Telegramに引っ越した陰謀論者や差別主義者などが目にするニュースはロシアの国営メディアになった。

この状況を作り出したのは偶然ではなく、『RT』の意図的な誘導だった。前掲の「Censorship and the Capitol Riot: How Big Tech Became the Target of Russian, Chinese, and Iranian Messaging」によると、『RT』は、「Parler（米極右に人気があったSNS）」やTelegramなど他のSNSの自社サイトに利用者を誘導している点が他のメディアと異なっていたという。

ロシア国営メディアばかり視聴している影響は絶大のようで、2022年3月5日にQAnonのインフルエンサーであり反ユダヤ主義者である「Inevitable ET」が行ったアンケートでは、2万9000人の回答者のうち97%が、民間人を爆撃したロシアが悪いのではなく、民間人を人間の盾にしたウクライナのネオナチが悪い、と答えたのだそうだ。もちろん、「ウクライナが民間人を人間の盾にしている」というのは、ロシアのフェイクニュースのひとつだ。

アメリカ以外でも同様の現象が起きている。前出のISDによる「Support from the Conspiracy Corner: German-Language Disinformation about the Russian Invasion of Ukraine on Telegram」によれば、Telegramはドイツにおいても右翼過激派や陰謀運動の中心的プラッ

トフォームになっている。2021年11月1日から翌年2月27日までの期間に、右翼過激派や陰謀運動に関連する229のドイツ語Telegramチャンネルを調査した結果、もっとも多くシェアされたリンク先はドイツ語版『RT』だった。さらにもっともシェアされた閲覧記事は、やはりロシアのウクライナ侵攻を正当化するもので、登録者21万2667人の、ドイツ人の元ジャーナリスト（右翼過激派や陰謀運動家の間で人気）によるものだった。ドイツ語のロックダウン反対派のチャンネルでもドイツ語版『RT』の記事は人気だった。

陰謀論のコミュニティの影響力は想像以上に大きい

たった1300万人のSNSがアメリカ合衆国議会議事堂襲撃事件の引き金になったというと驚くかもしれないが、陰謀論コミュニティは我々が考える以上に根深く社会を侵食している。

現在、EUではロシア国営メディアは見られなくなっており、大手SNSは過激な陰謀論や極右、差別には一定の制限を設けている。しかし、その実効性は限られている。その理由は2つある。ひとつは回避方法がいくらでもあることだ。たとえば、『RT』は、

「Telegramで多数のミラーチャンネルを運用しているし、直接の接点のないプーチンファンが運用しているケースすらあるのだ。

ＢＢＣとＩＳＤが共同で調査した結果をまとめた記事「Putin's mysterious Facebook 'superfans' on a mission By Jack Goodman & Olga Robinson」によると、フェイスブックには親プーチンのファンが10グループ存在し、65万人以上がフォローしている。プーチンが西側に立ち向かう英雄であると主張し、１か月間の投稿は１万６５００件を超え、エンゲージメントは２６０万件に達している。

ＩＳＤでは当初、アストロターフィング（草の根運動に見せかけたネット世論操作手法）と考えていたが、実際にアカウントを運用している本人たちに取材してみると、非常に素朴で意図を隠すつもりもなかった。ロシアとの関係を排除できないものの、世界にはプーチンの反西側の主張に魅力を感じる人々がいることは否定できないようだ。こうした人々の行動を規制することは難しい。

もっとも深刻な問題は、大手ＳＮＳから排除して小規模なＳＮＳに移動させても、その影響力を維持できるという点だ。アメリカのシンクタンクである「NEW AMERICA」とアリゾナ州立大学、そしてプリンストン大学の「Bridging Divides Initiative」は、2021年1月6日に発生したアメリカ合衆国議会議事堂襲撃事件で小規模SNSのParlerが果たした役割を調査した。そして、100万件以上の動画、100万件以上の画像、1億8300万件以上の投稿、そして公開されているParlerのデータから抽出した1300万以上のユーザーアカウントのメタデータ、選挙結果に不服を唱えた147人の議員のツイッターのデータおよび「Armed Conflict Location and Event Data Project（ACLED）」のCrisis Monitorデータを分析した結果、ツイッターやフェイスブックがトランプや陰謀論者、過激な右派を追放したことは効果がなかったと結論づけている。

その背景には、ツイッターやフェイスブックの投稿へのリンクが、Parlerに投稿される流れができていたことが挙げられる。Parlerは単体で完結したSNSではなく、ツイッターやフェイスブックと連動する形で利用されるようになっていた。結果、Parlerは極端な主張や、大手SNSから追放された人々の集積所となり、温室となって偽情報や陰謀論を育んでいった。つまり、Parlerが影響力を持ち得たのは、大手SNSのおかげである一方で、大手SNSから追放された後も陰謀論者の勢いが衰えない要因ともなったのである。

ロシアがどこまで意図していたかわからないが、Telegramでロシア国営メディアが浸透し、陰謀論などのコミュニティと結びついたのは、Parlerとほとんど同じ構図だった。

大手SNSを追放されたトランプは自分で、「Truth Social（https://truthsocial.com）」を立ち上げた。Parlerでできたことが Truth Socialでもできるなら多数を動員する活動も可能だろう。

また、2022年3月30日に公開された、英紙『エコノミスト』とデータ分析企業「YouGOV」による、ロシアのフェイクニュースに関する共同調査では、アメリカ成人の26％はアメリカがウクライナにバイオラボを設置していたというロシアの陰謀論を信じていたことがわかった。幸いなことに、信じていない割合は45％と多かったが、26％はかなり高い。また、信じていると答えた74％がQAnonの信奉者だったことがわかった。

また、アメリカの非営利研究機関である「PRRI（Public Religion Research Institute）」は、2021年に4回、1万9399人を対象にアンケート調査を行い、2022年2月24日に、その調査結果を公開した。その結果によると、QAnon信者は2021年を通じてわずかだが、増加していた。

QAnon信者の割合は、共和党支持層の4人に1人（25％）に対し、無党派層（14％）、民主党支持層が9％となっている。QAnon信者は共和党を肯定的にとらえる割合が多く、民主党には否定的だった。また、極右のニュース（『One America News Network』や『Newsmax』）をもっとも信頼している共和党員の半数近く（47％）がQAnon信者で、『FOXニュース』をもっとも信頼している共和党員（26％）、TVニュースを信頼していない（26％）となっていた。QAnon信者は年収5万ドル未満が多く、南部に住んでいる者が44％ともっとも多く、郊外に住んでいる者が多い。

アメリカ共和党全国委員会が、アメリカ合衆国議会議事堂襲撃事件を「合法的な政治的言説（legitimate political discourse）」だと主張し、同事件を議会が調査するのは「一般市民への迫害」であると圧倒的多数で決議したことは、この調査結果と符合する。トランプは大統領選で再選されたら、逮捕された人々に恩赦を与えると発言して物議を醸した。アメリカ2大政党のひとつ共和党は、すでにトランプと陰謀論に侵食されているのかもしれない。

そして、こうした陰謀論の影響は、アメリカ以外にも広がっている。ドイツでもＱＡｎｏｎの信奉者は増加した。ドイツ語圏（ドイツ、オーストリア）でのＱＡｎｏｎの実態を調査した「ＣｅＭＡＳ（Center for Monitoring, Analysis, and Strategy）」の報告書が、その詳細を公開している。ＱＡｎｏｎは、２０１７年11月25日に陰謀論者Oliver Janichが投稿したYouTube動画で、ドイツ語圏の視聴者の間で広く知られるようになった。パンデミックの前までは、活動の中心はフェイスブックやYouTubeだったが、現在はTelegramが中心となっている。この移行はドラスティックで、たとえば「Qlobal-Changeチャンネル」は、２０２０年３月の時点で２万人だった登録者数が、たったの２か月で10万人以上へと急拡大した。既存のチャンネルの登録者が増えると同時に新規のチャンネルも増加した。

２０２０年10月にYouTubeから多くのチャンネルが削除されると、さらにTelegramの利用者は増え、２０２０年のアメリカ大統領選でトランプが敗北した際に活動は活発となり、その後も高い水準で活動が続いている。

２０２０年２月４日の段階で、ＱＡｎｏｎのチャンネルはTelegramに１１５存在し、グループは84あった。少なくともひとつに所属しているアカウントは12万３１００で、投稿しているアカウントも含めると34万６００６となる。

ドイツとオーストリアの18歳以上を対象に行ったアンケート調査では、全体的にQAnonの主張について、否定的もしくは触れたことがないという回答が多数派だったものの、ドイツでは8人に1人がQAnonの陰謀論に少なくとも部分的に同意しており、オーストリアでは16％以上がQAnonの陰謀論に少なくとも部分的に同意している。また、QAnonそのものの認知度は低いが、QAnonが流布している陰謀論は、よく知られており、社会全体に浸透していることがわかった。

SNSをよく利用する人々の間ではQAnonに賛同する割合が高く、特にTelegramでは突出して高くなった。

また、コロナに関係するデモに参加したことがある人々の間では、ドイツ、オーストリアともにQAnon賛同者が50％を超えた。ワクチン未接種者の間では両国ともQAnon賛同者が40％を超えた。

日本からは見えないグローバルサウスの景色

2022年4月13日、WHO事務局長がウクライナに対する対応と、エチオピア（事務局長の母国）など他の地域への対応が違い過ぎることから、黒人の命が白人と同じように扱われていないと訴えた。アメリカのシンクタンク「CSIS（Center for Strategic and International Studies・戦略国際問題研究所）」は、アフリカの有識者に意見を尋ねる「Africa Reacts」シリーズの一環として、2022年3月8日に「Africa Reacts to the Russian Invasion of Ukraine」を公開した。6名がコメントを寄せており、それぞれ異なる意見ながらも、この問題を平和的に解決するのが重要である点と、こうした問題はウクライナだけではないという認識では一致していた。アフリカ諸国はこうした問題にたびたび直面してきた。そのため、何人かの回答者は欧米のウクライナへの対応がこれまでのそれ以外の地区（グローバルサウス）への対応とあまりにも違う点を指摘していた。

日本にいるとあまり感じないが、世界各地で同じように感じている人がいるし、そこを狙ってロシアは「人種差別」だと批判を繰り広げているのだ。

図を見ていただきたい。複数の地図で似たような国が黒く塗られている。図1はロシアの国連人権理事会理事国資格停止で賛成票を投じた国、図2は民主主義国の国、図3はゼレンスキーが演説した国、図4は対ロシア経済制裁に参加している国が黒く塗られている。

4つの世界地図

図1
図2
図3
図4

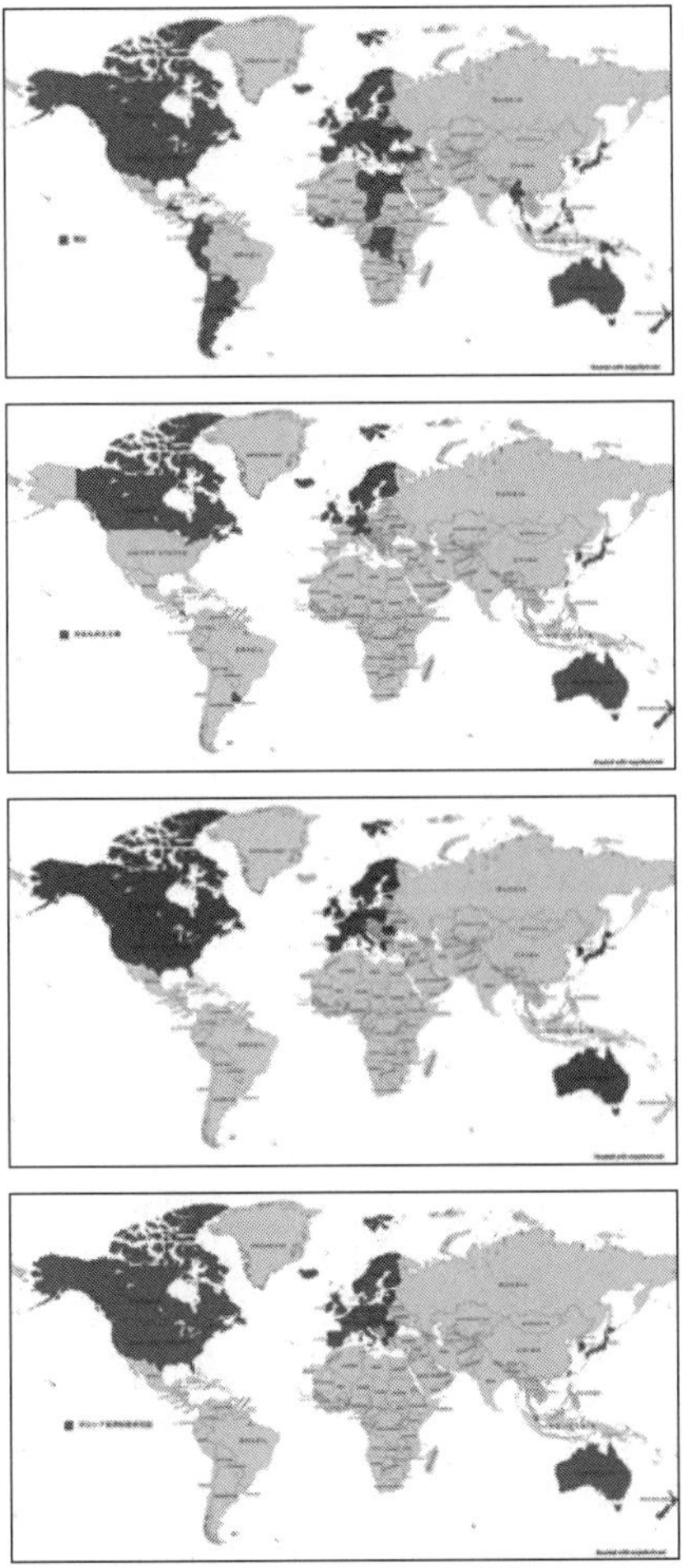

※地図は https://mapchart.net/ を使用して製作

これらはほとんどすべてがグローバルノースの国々だ。

日本はグローバルノースに属しているが欧米ではなく、アジアだがグローバルサウスではない数少ない国だ。そのため、見えている世界のほとんどはアメリカを介したものになり、グローバルサウスはあまり見えていない。民主主義国が世界の少数派になっていることが実感できないのはそのためだろう。

今回のウクライナ侵攻では、明確にグローバルノースとグローバルサウスが対立する構図になっており、我々が日々受け取っているウクライナに関する情報はグローバルノースの視点で描かれている。

よい例が中国に関する報道だ。2020年10月6日にドイツが39か国（含む日本）を代表して、中国を非難する声明を読み上げた。また、その前年には香港問題が第44回国際連合人権理事会で取り上げられた。その両方で中国擁護派のほうが多数を占めていた。当時の記事「新疆ウイグル問題が暗示する民主主義体制の崩壊……自壊する民主主義国家」に加筆、修正したものを見てみよう。

民主主義はすでに負けていた～新疆ウイグル問題が暗示するもの

中国における新疆ウイグル問題に長らく注目が集まっている。弾圧や人権蹂躙は許されるべきことではないのは確かだが、この問題にはさまざまな側面がある。筆者はこの問題の全体像について語れるほど知識も情報もないので、あるひとつの側面にだけ注目して考えてみたい。民主主義体制の崩壊である。

新疆ウイグル問題は国連でも何度か取り上げられており、２０２０年10月6日の人権会議でドイツが39か国（含む日本）を代表して声明を読み上げ、重大な懸念を表明した。ただし新疆ウイグル問題について懸念を表明（中国を非難）している国よりも、中国支持を表明している国のほうが多かったのが現実なのだ。なお、２０１９年は中国を非難する書簡に署名したのは22か国、これに対して支持する書簡に署名したのは50か国と倍以上の開きがあった。当初は37か国であったが、その後遅れて参加した国を加えると50か国になる。

中国を支持している国のほとんどは経済的便益を守りつつ、自国内の人権問題に波及しないようにしているのだ、という指摘もある。実際、これらの国の多くは中国と一帯一路に参加しており、経済的な関係を持っている。２０１９年の段階ではイスラム教徒が主流を占める23の国も中国を支持していた。

一方、中国を非難している国々のほとんどはヨーロッパと英語圏の国である。日本は例外だ。そして多くの国がNATOあるいはアメリカと安全保障面で結びついている。西側あるいはグローバルノースと呼ばれる国々だ。なお、日本政府はロヒンギャ、カンボジアなどの問題では人権への配慮を欠く対応を批判されることも多い。

人権問題を巡って、グローバルノースの連合が中国を非難する構図は香港における抗議活動の弾圧でも見られた。第44回国際連合人権理事会では中国支持派が多数（53か国）となり、およそ半分の27か国が中国を批判した。この時、日本の多くのメディアは中国支持が多数を占めた事実にはほとんど触れず、27か国が批判したことに注目していた。

新疆ウイグル問題についての報道は香港についての報道ほど偏っていないが、それでも国連で多数の国が中国を支持しているという事実はあまり重要視されていない。日本にいる我々には世界の多数派が見えにくくなっている懸念がある。

誤解があるといけないので申し添えておくと、中国を支持する国々は遅れているから非民主主義的なのだ、という単純な話ではない。民主主義の洗礼を受けた後で非民主主義になっている国も多い。スティーブン・レビツキーとダニエル・ジブラットの『民主主義の死に方―二極化する政治が招く独裁への道―』（新潮社）では、現代においてはクーデターなどではなく、選挙において権威主義的候補者が当選し、権威主義化が進むと指摘している。また、ポール・コリアーは『民主主義がアフリカ経済を殺す』（日経ＢＰ）では、アフリカの多くの国で先進諸国が強引に民主主義化を進めた結果、貧困と混乱を招くことになったことが分析されている。

香港や新疆ウイグルの問題で、中国が多数派を握れるのはひとつには一帯一路を中心とした影響力の拡大があるが、それよりも重要なのは「民主主義が衰退してきている」ことだ。世界の民主主義の状況を示す指数として、「民主主義指数」がある。「Economist Intelligence Unit（英エコノミスト誌の研究所）」が２００６年から公開している指標で、世界１６７か国を対象に、選挙の手続きと多様性、政府機能、政治参加、政治文化、人権という５つのカテゴリーを指数化している。このうち選挙の手続きと政治参加以外のカテゴリーは指標ができた２００６年以降、悪化の一途をたどっている。中でも政府機能（透明性、説明責任、腐敗）、人権は５つのカテゴリーの中でも最低スコアとなっている。人権が急速に低下しているのと対照的に、政治参加は急速に上昇している。これは抗議活動が活発になっている影響（抗議活動も政治参加のひとつである）と考えられ、分断が広がっていることを感じさせる。

過去に取り上げたデジタル権威主義に関する記事を横断的に比較すると下表のようになる。

ご覧いただくとわかるように、監視やネット世論操作、国民管理という面ではアメリカや日本はデジタル権威主義3国より遅れている。これらは民主主義的価値観とは相容れないものと考えられているためである。導入されているものもあるが、多くの反発があることはこれまで何度かネットで紹介した。

だが、これらの技術を他の国が利用して効率的、効果的に統治を行っているとすれば、使わない国はさまざまな面で後れを取ることになる。民主主義的に利用する方

デジタル権威主義3国とアメリカ、日本の比較

	監視			ネット世論操作	国民管理IDシステム	民主主義指数	監視指数
	生体認証	SNS監視	予測捜査				
中国	3	3	—	3	3	2.26	1位(1.8)
ロシア	3	3	—	3	2	3.11	2位(2.1)
インド	3	3	—	3	3	6.90	3位(2.4)
アメリカ	3	3	2	2	1	7.96	9位(2.7)
日本	3	3	2	2	1	7.99	14位(2.8)

1＝あまり導入されていない、2＝一部政府機関or与党が導入、3＝政府機関or与党が統合利用。監視指数は、comparitech（https://www.comparitech.com/blog/vpn-privacy/surveillance-states/）のもの。順位が上あるいは数値が低いほど監視が厳しい。

法、あるいはこれらを許容する新しい民主主義のあり方がわかれば、アメリカや日本でも効率的、効果的に利用できる。それがないために、新しい技術を充分に使いこなすことができない。その一方で民間部門では利用が進み、それが政府やこれまでの民主主義的価値観と摩擦を起こしている。

世界の富とデータを握るフェイスブック（現名称はＭｅｔａ）の創業は16年前、グーグルは22年前だが、あっという間に世界に普及し、社会を変えてしまった。一方、民主主義はその間、ほとんど進化してこなかった。行政のＩＴ化が進んだくらいで、事務処理の範囲である。警察や軍事でも利用は進んでいるが、そこには本来あるべき基準や倫理が確立されておらず、むしろ民主主義に逆行している。

ＳＮＳは個人の社会参加のあり方を変え、リアルな活動も変化させた。ＳＮＳ上で極論主義や陰謀論が拡散し、それがリアルの集会やデモにつながった。民主主義指数で政治参加が上昇しているのはこれと無縁ではないだろう。監視技術、認証技術は個人の活動や心の動きまで把握し、未来の行動を誘導できるようになり、今では監視資本主義と呼ばれるまでになった。なお、本稿では「監視資本主義」という言葉を言い出したShoshana Zuboff

が著作で提示した意味で使用している。Netflixのドキュメンタリーで使われている、SNS依存症をもたらすものという意味ではない。

これらの変化は社会や政治に大きな影響を与えている。世界のほとんどすべての選挙でネット世論操作が行われ、SNSは政治の重要な舞台となった。こうした動きをリードしているのは民間企業だが、彼らは規制によって自由が奪われるのを恐れてロビイスト活動に精を出して社会制度が追いつくのを邪魔している。監視資本主義の代表的な担い手であるフェイスブックの利用者の70％は、欧米以外＝アジア、ラテンアメリカ、アフリカである。かれらは民主主義国家が衰退しても、やっていけるだけの利用者を非民主主義の国々に確保しているのだ。まだその地域からの利益は多くないが、それも時間の問題だ。

これに対して、中国を中心とするグループは政府のデジタル権威主義の中にすべてを取り込んでいるため、大きな遅延なく新しい技術を反映した政治、施策を行うことができる。中国の山東省浜州市ではVRを利用して忠誠心を確認しているほどだ。権威主義は監視資本主義と相性がいいのでデジタル権威主義に進化したが、これまでの民主主義は監視資本主義とは価値観が異なるため相性が悪く混迷している。そもそも監視資本主義は時代から取り残された民主主義国家で、法規制の隙間をついて暴利を貪るために生まれた徒花である。「監視資本主義」という言葉を世に出したShoshana Zuboff、元ケンブリッジ・アナリティカメンバーだったクリストファー・ワイリー、オクスフォード大学の「The Computational Propaganda Project」のリサーチ・ディレクターでデジタルプロパガンダの研究者であるSamuel Woolleyのいずれもが法規制の必要性を説いている。民主主義には正しく技術を利用するための体制ができていないのだ。そして法規制の前に社会そのもののあり方を見直す必要がある。

これまでの民主主義は、構造的に新しい技術や仕組みを取り入れるのが困難であり、その問題が近年になって露呈しているのはIT技術がこれまでにない速度で発展し、社会への影響力を強めているからである。構造的に追いつくことができない以上、民主主義のあり方を変えなければ社会の仕組みが崩壊する。いずれにしても従来の形で民主主義を存続させることは難しい。（初出『ニューズウィーク日本版』2020年11月13日　一部改稿）

見えている世界と、見えていない世界

見えていない世界とは、陰謀論などの世界と、グローバルサウスの世界だった。

これから、見えていない世界で起きていることを中心に、ロシアとウクライナのネット世論操作の戦いをご紹介する。

見えている世界と、見えていない世界 2

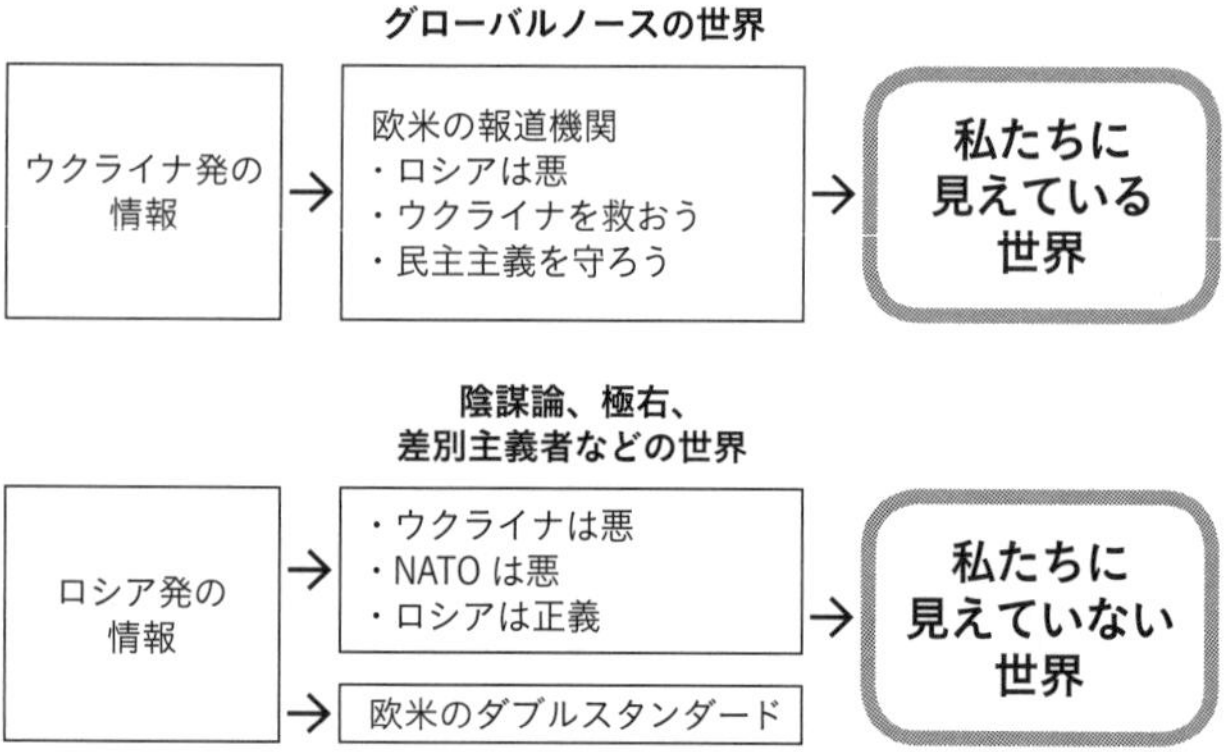

第2章 ロシアのフェイクニュースと、欧米の応酬

前置きが長くなってしまったが、本題であるロシアとウクライナの戦いについて説明したい。

ロシアは2014年のクリミア侵攻の前から現在に至るまでフェイクニュースを撒き散らし続けており、今回のウクライナ侵攻に当たり、大幅に増量されている。

これに対して、欧米の政府機関や大手メディア、研究者は、2014年以降専門機関を樹立し、ロシアのネット世論操作を監視、検証し、次々とフェイクであることを暴くとともに正しい情報の発信に努めてきた。侵攻が始まってからは、次々とロシアのネット世論操作のウソが暴かれ、報道され、その一方でウクライナのゼレンスキー大統領の発信する情報に世界の多くの国や人が賛同し、援助の手を差し伸べた。

この状況だけ見るとロシアは負けていると思っても無理はない。しかし、実際には我々にはロシアの攻撃が見えていなかったのである。

とはいえ、この戦いはまだ継続しており、情報は不完全だ。新しい情報や状況の変化で

大きく解釈が変わる可能性はある。あくまで現時点でわかっている範囲ということになる。2016年のアメリカ大統領選で行われたことの全貌がわかるまで2年を要した。それでもまだわかっていないことがある。それを考えると、現時点で言えることは本当に限られた範囲にならざるを得ないことをご理解いただきたい。

戦いの主役はグローバルノース連合と、ロシア中国グローバルサウスおよび反主流派同盟

「Tow Center for Digital Journalism」が公開している「Russia/Ukraine War: A Platforms & Publishers Timeline」では、ウクライナ侵攻後のサイバー空間における応酬を日ごとに確認できる。サイバー攻撃や規制の応酬が比較的網羅されている。そのリストを概観すると、サイバー空間での戦いに参加しているのは、ウクライナ側は欧米を中心としたグローバルノースであり、ロシア側は主としてロシアと中国ということがわかる。

侵攻後、すぐに欧米の政府と民間（主としてビッグテック）がさまざまな規制と制裁措

置を矢継ぎ早に繰り出す。ビッグテックは各企業の自主的な判断でロシアのコンテンツへのアクセスを規制し、怪しいアカウントを凍結し、広告を禁止した。ただ、これがアメリカ政府の指示によって一斉に動き出した可能性もある。2月26日の『Axios』の記事には、グーグルのスポークスマンが、「in response to a government request, we've restricted access to RT and」と（うっかり？）答えたと書かれている。エドワード・スノーデンの暴露でマイクロソフト、グーグル、フェイスブック、アップルが当局にデータを渡したことがわかっており、想像以上に当局とビッグテックの関係は近い。今回、アメリカ政府から非公式の要請があったとしても不思議ではない。また、そう考えると、政治的な影響力の大きなツイッター（同社は当局にデータを渡していなかった）をイーロン・マスクが買収する話が最近出てきたのも、当局が監視と統制強化のために裏で動いているという邪推もできる。あくまでも憶測の域を出ない話であるが。

また、2月28日に、エストニア、リトアニア、ラトビア、ポーランドの首相がビッグテックに送った公開文書もかなりインパクトがある。

フェイスブックなどのSNSプラットフォームに対して、「侵略戦争、戦争犯罪、人道に対する罪の否定、美化、正当化に関わるアカウントを積極的に停止する」、「ロシアとベラルーシの政府機関の公式アカウント、国営メディア、およびウクライナ情勢に関する偽情報を一貫して発信しているこれらの国の指導者とその側近の個人アカウントを停止する」、「ロシア国営メディアに対していくつかの国の規制当局が導入した制限を遵守し、これらの制限を回避するために彼らが貴社のサービスを使用するのを阻止する」、「現地のファクトチェック・イニシアチブと連携し、特にロシア語とウクライナ語のコンテンツ監視を強化し、真偽不明の行動、違法コンテンツ、偽情報に迅速に対応できるボランティアを見つける」、「ウクライナ戦争に関する信頼できる情報をユーザーが見つけやすくし、偽情報に晒されたユーザーに情報を提供するために、検索・推薦アルゴリズムの調整を含む対策を直ちに講じる」、「ロシア政府およびベラルーシ政府が管理する偽情報の提供者であるすべてのアカウントを完全かつ即座に停止する」、「ロシア市民、市民社会、独立メディアのために、ロシア領土であなたのプラットフォームへのアクセスを検閲または制限するロシア政府からの圧力に抵抗する」を求めている。

つまり、ロシアのサイバー空間でのネット世論操作の抑制に欧米各国が協調して動いた。侵攻後すぐにグローバルノースは協調した動きを取るようになったと言える。

一方、ロシアは3月に入ってからさまざまな規制で応酬した。中国は3月に入ってからバイオラボ疑惑を中心に活発に発信し、ロシアの主張を拡散している。3月中旬にはロシア関係アカウントが、およそ406件のツイートで中国に言及し、永続的かつ安定した関係を主張した。中国は4月11日にロシアと両国の国営メディアがコンテンツや情報を共有する数十の契約を締結した。両国のメディアの関係は2013年からさまざまな形で続いており、今回のウクライナ侵攻でも連携している。

中ロの動きに連動して、グローバルサウスでも親ロシアの発言が出てきた。また、ウクライナ侵攻後すぐに世界中の反主流派グループ（陰謀論、極右など）はウクライナ問題に焦点を当てて動き出した。

ロシアの仕掛けたネット世論操作

ＡＳＤは、ロシア、中国、イランが発信している情報をモニターする「Hamilton 2.0 Dashboard」というサービスを提供しており、これで手軽に3か国の発信している情報を確認できる。

侵攻開始から現在までにロシアが主張してきたことは、大まかに次のように分類できる。この中でもっとも多く発信されたのはブチャにおける虐殺の否定で、次点のバイオラボのピーク時のおよそ2倍の情報が発信された。

- ブチャにおける虐殺の否定
- マウリポリの爆撃の否定
- クラマトルスク駅の市民殺害の否定
- バイオラボ陰謀論。アメリカの資金でウクライナに複数の生物兵器研究所がある。
- ナチ。ウクライナはナチ化しており、非ナチ化を進めなければならない。
- 経済制裁に関するもの。経済制裁は効かない、欧米あるいは世界経済を悪化させるなど。
- ウクライナの人権侵害。ウクライナで民間人を殺しているのはウクライナ軍である。ウクライナ軍は民間人を人間の盾にしている。
- 人種差別。ウクライナへの対応と、同等かそれ以上の被害が発生した他の地域への対応で明らかに差があるという、欧米のダブルスタンダード批判。
- ウクライナの核兵器、化学兵器疑惑。

・NATO批判。NATOの拡大批判および1999年のNATOによるユーゴ爆撃の批判。
・ロッソフォビア（ロシア恐怖症）
・偽ファクトチェック。存在しない対象へのファクトチェックを含め、さまざまな偽のファクトチェックを行う。

「NATO StratCom COE」が、過去の250のネット世論操作事例を14のテーマで分類し、30についてケーススタディした「Strategic Communications Hybrid Threats Toolkit」という報告がある。その報告では、使われた「主張」で飛び抜けて多かったのは「脅威」であり、次いで「非難、貶め」、「もっともらしい否定」、「コミュニティの作成」、「正当性を主張」となっており、今回ロシアが主張しているもののほとんどはこれに該当する。

余談であるが、このケーススタディでは2010年の尖閣諸島中国漁船衝突事件も取り上げられている。どんな分析がなされているか、日本の関係者は確認しているだろうか？

ASDはウクライナ侵攻に特化した「War in Ukraine」というダッシュボードも用意し

ており、経済制裁やバイオラボといったキーワードをもとにツイート、YouTubeの動画、ウェブサイトの投稿数と上位の内容を確認できるようになっている。

圧倒的に多いのは、ロシアの国営プロパガンダメディアである『RT』の各国版、そして各国の大使館ということがわかる。また、テーマによって投稿数のピークは異なっており、バイオラボに関するツイートとウェブサイト投稿は3月初旬に急増している。

また、サイバー攻撃とフェイクニュースを組み合わせたネット世論操作も行っている。手法はいくつかあるが、対ウクライナでは侵攻前の期間に、「Ghostwriter作戦」と呼ばれる攻撃が行われた。サイバー攻撃によって相手国のメディアや政府のサイトを改竄《かいざん》して、そこから情報を発信し、相手国の市民を混乱させる手法だ。2017年以降、多数の攻撃が複数国で確認されている。

ウクライナが仕掛けたネット世論操作

一方、ウクライナ側は主として次のような活動をグローバルノースのメディアや支援者を利用して世界に拡散した。

・グローバルノースに対してロシアへの制裁、ウクライナへの支援を要請。これはそれ自体も意味があるが、メッセージとして欧米メディアで拡散されることで国際世論に影響を与える。
・捕虜となったロシア兵の映像を公開する。
・一般市民の被害やロシア軍の残虐さ、無秩序さを発信する。
・ゼレンスキーがことあるごとに演説などを行う。

これらは「NATO StratCom COE」の分析結果と必ずしも一致しないが、実際にはウクライナの主張はグローバルノースのメディアによって、反ロシアの言説とともに流布されたので一般の目に触れた時には、ロシアの「脅威」、ロシアへの「非難、貶め」、そして民主主義である自分たちの「正当性を主張」となっていた。また、NATO StratCom COEの分析では「被害者を装う」（今回の場合、ウクライナは正真正銘の被害者であるが）は7番目によく用いられる主張だった。

また、並行して、サイバー作戦も行った。

・ロシア関係者の情報を公開。ウクライナの諜報機関がロシア連邦保安庁（FSB）の620人の個人情報を3月28日に公開した。また、ウクライナ保安庁（SBU）が、盗聴したロシア兵などの通話内容をフェイスブック、ツイッター、インスタグラムで拡散。
・SBUが、少なくとも10万以上を運用できるロシア側のボット工場を3月28日にテイクダウン（停止させること）した。また、ウクライナ自身ではないが、国際的なハクティビスト集団Anonymousがウクライナを支援するためのハッキング活動を繰り広げた。それ以外のハッカーも同種の破壊行為を行った。

オクスフォード大学の「Computational Propaganda Project」によるレポートや『VOX Ukraine』の記事によれば、ウクライナ国内では選挙の際にネット世論操作が行われるのは当たり前になっており、現大統領ゼレンスキーが当選した選挙の際にも用いられていた。さらに、ウクライナには、国内世論をコントロールするためのネット世論操作のトロール工場が少なくともふたつ存在していることが「OCCRP（Organized Crime and Corrup tion Reporting Project・組織犯罪と汚職報道プロジェクト）」の潜入調査で明らかになっている。また、後述のMeta（フェイスブック）社のレポートでも複数の業者が存在しており、政治家が利用していることがわかった。

しかし、ウクライナ政府がトロール工場などを使ったネット世論操作を行ったかどうかは現時点では判明していない。

ロシアとウクライナの国内世論コントロール体制

ネット世論操作は国内世論のコントロールが前提となる。国内世論コントロールはネット世論操作において防御の役割を果たす。ロシアとウクライナの国内世論のコントロール状況について見てみたい。

国内世論のコントロールでは、ネット監視と検閲などと、それ以外に分けられる。ネット監視と検閲を中心にご紹介する。それ以外は、ロシアのメディア統制などは既存のものがたくさんあるので軽く紹介するに留め、あまり情報がないウクライナについては少し詳しくご説明する。

【ロシアのネット監視と検閲】

ロシアは、SORMという監視システムを運用している。詳しい説明は第3部に譲るが、SORM（「System of Operative-Search Measure」もしくは「System for Operative Investigative Activities」）とは、ロシアの包括的な通信傍受システムで、SORM−1（1995年、通信事業者に監視のための機器を設置させ、電話とメール、ウェブ閲覧を監視）、SORM−2（1998年クレジットカード情報、2014年SNSも対象となる）、SORM−3（2015年インターネットプロバイダに装置を設置）と進化してきた。

ロシアは、このシステムをCIS諸国を中心に販売しており、ウクライナにも販売している。

1995年、ロシアは電子通信を含む市民の「すべての私的通信を監視する」権限を連邦保安庁（FSB）に与え、SORMの運用を開始した。

ロシアの情報統制は、監視や法的・非法的な圧力に加えて、ネット世論を政権寄りに誘導し、サイバー攻撃やハッキングで反体制派を弱体化している。また、政府の関与を隠して若年層の組織化（Nashiなど）、ボットネット、外部のハッカー、政権寄りのブロガーを利用している。恣意的な運用が可能な法律とネット監視と、これらの方法を組み合わせて効果的な監視、検閲、統制を実現している。

【ロシアのネット以外の言論統制】

ロシアのほとんどのメディアは政府のコントロール下にあり、国民の目に触れる情報は統制されている。後述する国民監視システムも稼働しており、国内世論はかなり統制されていると言ってよいだろう。中国ほど徹底しているわけではないので、反プーチンのメディアもいくつか残っている。ただし、それらもウクライナ侵攻後の規制強化で活動停止を余儀《よぎ》なくされている。

NATO StratCom COEのレポート「Russian Media Landscape: Structures, Mechanisms, and Technologies of Information Operations」では、ロシア政府がメディアを統制した経緯が紹介されている。2000年代から始まったロシア政府のメディアの独占はほぼ完了しており、ラジオ・テレビ分野では、国家が完全にコントロールされている。インターネットおよびSNSも監視下に置かれている。

2018年から2020年にかけて、ロシアにおけるマスメディアの活動を規制する法律が多数採択され、さらに検閲が厳しくなった。

【ウクライナのネット監視と検閲】

ウクライナでは2017年にロシアの『VKontakte（VK）』、『Odnoklassniki（OK）』、『Mail.ru』やロシア政府のプロパガンダにつながるメディアをブロックした。新しく大統領となったゼレンスキーは、選挙期間中にこうしたブロックを批判していたが、当選すると一転してブロックを推進するようになった。もともとブロックは期限付きだったが、2020年5月にゼレンスキーがブロックを延長し、さらに2021年3月と5月には「WebMoney」、「PayMaster」、「WM Transfer」、「Megasoft」、「Yandex」、「Kaspersky」、「Dr.Web」などのロシアのウェブサービスもブロックされた。

ウクライナはロシアのSORMを導入していた。「internetua」によればSORM－3だ。ただし、2014年、ロシアのクリミア侵攻でSORMにバックドアが仕掛けられている懸念が生じたため、そのままの形では利用していないと考えられる。また、携帯キャリアはDPI（Deep Packet Inspection・ネットワークを流通するデータ検査手法の一種）を導入し、通信内容を傍受できるようにしている。

これらのインフラを効果的に利用できるように、ウクライナは2020年9月と12月に、諜報活動と電子通信に関する法律を可決し、政府が一定の条件の下で特定地域のインターネットへのアクセスを制限したり、国家に通信データへのアクセスを拡大したり、監視と任意の通信傍受を容易にできるようにした。

2020年、ウクライナ保安庁（SBU）はネット上の治安維持のために活動しており、3000以上の犯罪目的に使用されたネットサービスやサイトをテイクダウンしている。

2021年1月末、ウクライナ政府は、SBUの権限を大幅に強化すると同時にその監視を制限する新しい法律を国会に提出。ネットワークの遮断やISPを防諜活動に利用する権限も与えられることになっていたため、批判を受け、何度も修正が行われたが、表現の自由などを抑制できる形のまま可決された。

さらに、2021年5月にネット世論操作に対抗するための専門組織「Centre for Strategic Communications and Information Security」が発足している。

また、ウクライナの政治シーンではネット世論操作がよく行われている。フェイスブック（現Meta）社のレポートで、ウクライナでは数年間にわたって、フェイスブック、

YouTube、Telegram、VKontakteなどのSNSプラットフォーム上で、ネット世論操作が行われていたことがわかっている。2020年11月のレポートでは、2019年の大統領選などで、ネット世論操作が盛んに行われたことがわかり、2021年4月のレポートでは、3人の政治家がそれぞれ異なるネット世論操作業者を使っていたと推定され、アカウントなどを凍結されたと報告されている。

【ウクライナのネット以外の言論統制】

ウクライナの多くのメディアは、さまざまな形でオリガルヒ（新興財閥）や政府にコントロールされてきた。正確に言えば、国全体がオリガルヒの影響下にあった。全米民主主義基金の支援を受けた「Investigative Hub project」の一環で掲載された2021年1月14日の『Kyiv Post』の記事によれば、「約70人の議員がKolomoiskyのために働き、さらに100人の議員がAkhmetovのために働いている」と言われるほどだった（KolomoiskyとAkhmetovはウクライナの有力なオリガルヒ）。

ゼレンスキーはオリガルヒの支援を受けて大統領になった。民主化のためにオリガルヒや汚職を排除する努力をする一方で、オリガルヒがメディアをコントロールするために用いていた方法を自身でも利用し、世論をコントロールしようとしてきた。

『VOX Ukraine』の記事によれば、ウクライナでは、国民の71％が定期的にインターネットを利用しており、35歳以下の年齢層では、この割合は96％を超えているが、政治家がネット世論操作を行ったりしているので信頼度は高くはない。メディアへの信頼は、テレビ49％とインターネットメディアへの51％となっている。ウクライナのメディアの76％は特定のオリガルヒの傘下にあり、政治に利用されている。『openDemocracy』の記事によればOCSE（欧州安全保障協力機構）の選挙監視団は「偏った報道を行い、オーナーの政治的意見に沿うようにしていた」と厳しく評価した。

「Institute of Mass Information」が「Freedom House」と提携して行った調査や「Kyiv Independent」の報道によると、現大統領ゼレンスキーは有力オリガルヒのKolomoiskyの支援を受け、ゼレンスキーのKvartal 95社はKolomoiskyが保有するテレビチャンネル1＋1に番組を提供していた。

当選後、ゼレンスキーはオリガルヒであるViktor Medvedchukが保有する3つのテレビ局「112」、「NewsOne」、「ZIK」を閉鎖した。なお、Medvedchukはプーチンの従兄弟であり、ロシアがウクライナに送り込んだ人物で、長らくウクライナの政治に関わっていた。また、不当にメディアを操作する「Jeansa」を多く利用しており、「Jeansaの王」とまで呼ばれていた。

『Euromaidan Press』の記事「Jeansa: vehicle of oligarchs, Ukraine's largest threat to media freedom」によれば、オリガルヒがメディアを利用する有名な手法に「Jeansa」あるいは「Political Jeans」と呼ばれるものがある。これは広告と明示しない広告を意味する。日本で言うと、いわゆる「ステマ」やパブリシティが近いが、ウクライナにおける意味合いは少し違う。もともとロシアやウクライナには「temnik」と呼ばれるものが存在していた。特定のテーマについて、扱いの可否やその内容を指示するもので、検閲に当たる。人権団体Human Rights Watchはこの問題を「NEGOTIATING THE NEWS: Informal State Censorship of Ukrainian Television」というレポートにまとめて公開している。

2004年のオレンジ革命後に、temnikは姿を消したが、カネによって同じことをするJeansa（Political Jeansと呼ばれることもある）が盛んに行われるようになった。以前とは異なり、政治だけでなく、商業的な目的でも利用された。TV、新聞、オンラインメディアなどさまざまなメディアがJeansaを受け入れている。「Institute of Mass Information」がJeansaの状況を継続的にモニタリングしており、Jeansaの利用はゼレンスキーが大統領になってからも続き、自身の政策を賞賛するJeansaを多数行っていたことがわかっている。2020年の地方選挙ではオンラインメディアにJeansaのための広告費をもっとも多く支払っていたのはゼレンスキーの政党だった。

また、2021年第4四半期には政治目的の利用が商業目的の利用を上回った。

2021年後半から裁判所や市議会への取材が制限されたり、ゼレンスキーを描いた映画の上映が妨害されたり、テレビ番組に圧力がかけられる事案が増加した。なお、映画の上映は当局からの圧力が明るみに出て、市民の間に抗議の声が広まったため予定通りに公開された。

中でも、ゼレンスキーを批判していたジャーナリストであり『Censor.net』の編集長Yuriy Butusovによる、ウクライナが使用したドローンに関する報道について刑事事件化しようとした件は、大きな問題となった。さらにウクライナ当局は「ウクライナを不安定化するためにロシアがButusov氏を暗殺する可能性がある」とし、保護を申し出たが、Butusov

はこれを当局からの脅迫と受け取って拒否した。
その後、ゼレンスキーは国営メディアを拡充していく方針を打ち出している。ゼレンスキーや彼を支援するオリガルヒに関する記事を掲載していた『Kyiv Post』の編集部員が全員解雇となった件もある。この件については、政府からの圧力があったという元副編集長のインタビューがある。現在『Kyiv Post』は新しい編集部で以前とは異なる編集方針でメディアを続けている。

こうした一連の施策でウクライナ国内世論のコントロールはある程度できる状況になっていたが、パンドラペーパーでゼレンスキーのオフショアでの蓄財が暴露されるなどのスキャンダルもあり、支持率は高くはならなかった。しかし、侵攻後は危機感の高まりとリーダーシップで支持率は高まり、世論もまとまったようだ。

侵攻前から増加したSNS活動

今回、ネット世論操作の主な舞台となったSNSは、フェイスブック、インスタグラム、ツイッター、YouTube、TikTok、Telegramと考えられている。

２０２１年11月頃にロシアは、次のような情報を発信していた。

・アメリカはウクライナにドンバスを攻撃するよう圧力をかけている。アメリカはウクライナに混乱を巻き起こし、ＥＵを戦争に引きずり込もうとしている。
・ウクライナはドンバスやクリミアで軍事活動を行い、ロシアを戦争に巻き込もうとしている。
・ウクライナ軍はドンバスの民間人に対して戦争犯罪を行っている。
・ＮＡＴＯの拡大はロシアの脅威であり、ＮＡＴＯへの加盟はウクライナの過ちである。

「Mythos Labs」のレポートによると、こうした情報を発信していたアカウントは２０２１年11月の段階で58だったが、12月から２０２２年１月初旬にかけて急増し６９７となった。親ロシアの偽情報／プロパガンダを拡散するアカウントがウクライナについてツイートした回数は、２０２１年１月から11月までは１日16回だったのに対し、２０２１年11月は平均して1日213回と、大幅に増加した。12月と1月初旬になるとさらに375％増加した。さらに、2月には914回に増え、2月の最後の2週間でツイート数は1000％以上増加した。侵攻に向けて着々と発信を増加させていたことがわかる。

反偽情報を掲げる独立NPO「CIR（Centre for Information Resilience)」では、ロシアのウクライナ侵攻を継続的に調査し、定期的にレポートにまとめている。その侵攻前のレポート1、2、3では、「ウクライナはネオナチ／ファシストによって運営されている」、「紛争はネオナチ／ファシストによるものだ」、「この紛争はNATOの侵略の結果だ」、「欧米の武器・エネルギー産業のロビイストが紛争を動かしている」といったメッセージの拡散を確認している。

このうち、「ウクライナはネオナチ／ファシストによって運営されている」という主張はロシア国営メディアからの発信ではなく、左派の国渣的著名人の発言やメディアからの引用だった。たとえば、アメリカの『ワシントン・ポスト』のオピニオン「Opinion: Biden should resist the calls for war with Russia」ではウクライナはナチに汚染されていると書いている。ロシアが発信したメッセージを欧米の極右の一部が拡散したものもあった。

ＣＩＲは、1月以降TikTokに投稿されたロシアとウクライナ関係のコンテンツを分析し、多くのフォロワーを持った親ロシアのアカウント5個を特定した。5個のアカウントのフォロワーの合計は１１００万人で、プーチンが登場する架空の動画シリーズは数万から数千万回再生され、数十万のエンゲージメントを獲得していた。

インディアナ大学の「ＯＳｏＭｅ（Observatory on Social Media）」では、ウクライナ侵攻に関連する英語、ドイツ語、ロシア語、ウクライナ語の約40のキーワードをリストアップし、それらを使って2月1日以降に投稿された６０００万以上のツイートを分析した。2月24日の侵攻前に急激にツイート数が伸び、新規アカウントも不自然に急増し、その後すぐに落ち着いた。ツイート数は高い水準のままだった。

投稿された中で、他のアカウントが投稿したものとほぼ同じ内容のツイートは2月の段階では全体の3％だったが、3月に入ると7％と倍増した。

また、投稿された中で他のアカウントが投稿したものとほぼ同じ内容のツイートを5件以上行っているアカウント（ネット世論操作を仕掛けている可能性がある）をクラスタ分けすると、活動しているグループも変化していることを示唆している。現段階ではこれ以上のことは言えないが、親ウクライナ発言をしているクラスタや、欧米に飛行禁止区域を求め戦闘をエスカレーションさせようとするクラスタが見つかっており、中ロ以外にもボットやトロールを使用して干渉しているグループがあることを暗示している。

2021年11月の段階では、ウクライナを責める内容が多かったが、12月以降アメリカを責めるツイートが増加した。また、トルコやインドなど非欧米諸国に向けた情報も発信されるようになった。内容の変化を反映して、11月にはロシア語に次いで、英語、フランス語（NATOの2つの公用語）のツイートが多かったが、12月以降は英語ツイートが半分以上（57%）に増加し、英語圏の読者を主要ターゲットにしたことがわかる。しかし、2月に入るとロシア語ツイートの割合が侵攻前の34%から61%に跳ね上がった。

また、1月に入ると、親ロシア・反アメリカ・反NATOの主張を発信している欧米の著名人のツイートをロシアのアカウントが拡散するようになった。たとえばスノーデン事件で知られるジャーナリスト、Glenn Greenwald（@ggreenwald）のツイートの中からロシアにとって都合のよいツイートを拡散している。オーストラリアのジャーナリストJohn

Pilger（@johnpilger）、アメリカ下院議員Matt Gaetz（@mattgaetz）、極右ジャーナリストTruckistan Amb. Poso（@JackPosobiec）などの発言も拡散されている。2月になると対象に、Benjamin Norton（@BenjaminNorton）、Tulsi Gabbard（@TulsiGabbard）、Tucker Carlson（@TuckerCarlson）が加わった。

2月には、欧米を責める中国のツイートを拡散したり、インドに向けて、反ウクライナ、親ロシアのツイートを広めていた。

前述のASDによる「War in Ukraine」ダッシュボードを見ても、2月中旬からツイート数が急増し、24日に最初のピークを迎えている。ただし、動画のピークは少し遅れて3月頭になる。24日までのツイートでもっとも多くリツイートされたのは、事実上ロシアの管理するメディアである『Redfish』のツイートで、1万2700の「いいね！」を獲得し、5612回リツイートされていた。動画でトップの再生数だったのは『RT』のNATOに関するものだった。ウェブサイトでは、ドイツの極右政党AfDが、対ロシア制裁を全面的に否定したことを報じるドイツ語版『RT』の記事へのアクセスが多かった。

一方、他のSNSと比べてTikTokでは特にウクライナに関する投稿が多かった。Tik

Tokの全コンテンツでウクライナが占める割合は他の大手SNSの倍以上である。

「The Media Manipulation Casebook（偽情報に関するデジタル調査プラットフォーム）」の調査によると、TikTokはフェイスブックやツイッターに比べて協調したキャンペーンなどを行いにくい構造になっている。代わりに個々人をフィーチャーするようになっており、インフルエンサーの影響力は大きい。また、機能的に動画を簡単に改竄、捏造できるようになっている。

こうした特徴から、ウクライナを支援したり、ロシア軍などの動きを発信したりするのに適している一方、ロシアなどが情報操作を行うこともでき、実際、どちらも活発に活動している。

その影響力の大きさから、アメリカ大統領バイデンはTikTokのインフルエンサーをホワイトハウスに招いたほどだ。

TikTokではEU圏でロシア国営メディアを視聴できないようにしているが、すべてに対応できているわけではないようだ。

第3章　ウクライナ侵攻から3月30日まで

いち早く動いたグローバルノース

ロシアによるウクライナ侵攻開始からすぐに、グローバルノースのほとんどのメディアと著名人とビッグテックは、ウクライナ擁護の言動を行うようになり、ゼレンスキーの発言やウクライナ発の情報はすぐに世界中に配信されるようになった。

ゼレンスキーはこれを活用し、グローバルノース20か国以上の議会やNATOサミット、G7などでスピーチを行った。

その一方でロシアの国営メディアは、EUから締め出され、大手SNSプラットフォームはロシア国内から撤退した。

また、ファクトチェック機関などはロシアが情報発信するたびに、それがフェイクであることを検証していった。

こうした一連の動きをもって、グローバルノースの識者はウクライナの情報戦での勝利を口にするようになっていった。

3月2日には国連総会でロシア非難決議が賛成141か国、反対5か国、棄権35か国で採択された。

また、ウクライナを支持する国際的なハクティビスト集団Anonymousが活動を開始し、ロシア関係あるいはロシアへの制裁に参加していない企業などをターゲットにしたサイバー攻撃を行った。

フェイスブックなどのSNSは、怪しい動きをするアカウントやグループを凍結した。Meta（フェイスブック、インスタグラムなどの親会社）のレポートによると、ウクライナに関連してロシアとベラルーシの政府系アクターが活動していたほか、「Ghostwriter」とロシアのネット世論操作組織IRAの活動も見つかった。Ghostwriterは、数十人のウクライナ軍関係者のフェイスブックの複数のアカウントを乗っ取って軍が降伏するよう呼びかけているビデオを投稿したものの、検知され、削除された。

IRAが過去に凍結されたアカウントを復活させようとしていたことも発見したとしている。2020年、2021年は新しいアカウントを作ろうとして失敗している。そのためIRAはフェイスブック外で西側諸国の市民の権利に焦点を当てたNGOを装ったウェブサイトを作成し、活動している。

ウクライナ市民をターゲットにした27のフェイスブックアカウント、2つのページ、3つのグループ、4つのインスタグラムアカウントからなる比較的小規模なネットワークも発見された。これらのグループは、フェイスブックだけでなく、ツイッター、YouTube、Telegram、OK、VKなどのSNSおよび自身のウェブサイトでも活動していた。使用されていた偽アカウントは、キーウを拠点とし、ニュース編集者、元航空技師などを装っていた。偽の独立系ニュースサイトをいくつか運営し、西側がウクライナを裏切り、ウクライナは破綻国家であるという主張を発表していた。これらは、ロシアのプロキシ「News Front」と「SouthFront」につながっていることも発覚している。

また、ロシアのアカウントが、ウクライナのアカウントを停止するようフェイスブックに大量の偽の報告を行っていた。

ウクライナ侵攻後、TikTokでは関連する動画の投稿が爆発的に増加した。

ロシアはTikTokでも活発に動画を投稿し、情報を拡散していた。ロシア国営メディアでプロパガンダを流布している『RT』、『スプートニク』、『RIA Novosti』など多くのメディアがTikTok上で活動していた。2月27日に掲載されたウクライナ兵が投稿した動画は2日間で650万回再生された。

2月から3月にかけて、これらのロシア関連アカウントはジオブロック（特定地域に視聴制限をかけること）され、順次EU圏内で見ることができなくなった。ブロックされたアカウントの中には、RT編集長であるシモニャンのものもあり、30万人を超えるフォロワーがいる。RIA Novostiはさらに多く、60万人を超えるフォロワーを有している。RIA Novostiが投稿した、トランプがバイデンとNATOをバカ呼ばわりし、プーチンを賢いと発言した動画は200万回以上再生された。

この動きに対応して、TikTokはEU圏からロシア国営メディアを視聴できないようにしたが、すべてが見られないわけではないようだ。

3月初旬には、大手SNSプラットフォームはロシアの包囲網を整え、国際的大手メディアや著名人、ビッグテックは反ロシア、親ウクライナの立場を明確にする言動を行った。

この状況を見た多くの識者は、ロシアは情報戦に敗れたと考えた。『ワシントン・ポスト』は、ロシアは包囲されたと書き、『POLITICO』は、複数のNATO Strategic Commu nications Center of Excellenceディレクターの「ロシアは負けた」という言葉を紹介している。さらにPOLITICOは3月12日にも「ロシアは負けた」というP・W・シンガーのオピニオンを掲載した。日本の『朝日新聞』も同氏に取材し、ロシアは負けたという論調の記事を掲載した。

しかし、侵攻後の数日で、世界中の陰謀論など主流でない主張のグループの話題はウクライナとプーチンに収斂し、一斉に投稿を始めた。その裏には注目される話題を扱うことで広告収入につながるという期待もあったかもしれない（詳しくは別項で紹介する）。

前出のＣＩＲのレポート4は、ロシアのプロパガンダと陰謀論がクロスオーバーしたと表現している。調査報道の「Mother Jones」は、アメリカ保守コメンテーターのTucker Carlsonを、できるだけ取り上げるようにロシア当局が指示した漏洩文書を公開した。また、ネット世論操作研究者のMarc Owen Jonesは、3月18日と19日のバイオラボ関連のツイートを分析し、中国とロシアの大使館などが拡散していることを確認している。

ＣＩＲのレポート5では、バイオラボ陰謀論が拡散を続けている報告と、この陰謀論がモルドバにおいて特に広がっているとしていた。また、ウクライナとナチスを結びつけるメッセージも発信し続けられていたが、アメリカでは退役軍人を狙って『Veterans Today』に投稿されていた。

ウクライナのエイダル大隊とトルネード大隊をナチとして糾弾するメッセージが増加し、ドイツ語、イタリア語、スペイン語でも拡散された。

イランは侵攻当日にロシアを擁護し、NATOを批判した。また、英国のシンクタンク「Centre for the Analysis of Social Media at the Demos」の創始者であるカール・ミラーは、侵攻後にグローバルサウスで親ロシアの発言が広がっていることを発見した。NBCなどのニュースでも、SNS上でスペイン語のロシアの陰謀論プロパガンダが拡散していると報じられている。

EUがロシア国営メディアを締め出した効果はあったが、このタイミングで中国との連携が増加し、3月第2週にバイオラボ疑惑関連情報の発信はピークを迎えた。

バイオラボ疑惑は以前から存在していたが、ウクライナ侵攻のタイミングで急激に拡散した。メディア情報サービスの「Zignal」の調査によると、2月24日から3月2日にかけて、「Gab」や右派系陰謀メディアの『Big League Politics』、『VK』などのサービスで検出したバイオラボへの言及は、2月17日から23日まではわずか1件だったが、2月24日から3月2日にかけて3568件にも増加した。ワシントン大学の「Associate Professor of Human Centered Design & Engineering（HCDE）」のKate Starbirdがツイートの広まりを分析したグラフを見ると、ウクライナ侵攻後に急増しているのがわかる。このグラフは前掲の「New World Order」のツイートを解析したグラフと似た増加の傾向を示している。

SNSからのロシア系プロパガンダアカウントなどの締め出しの効果はどうだったのだろうか？　フランスにおけるロシア国営メディアの締め出しの前後の変化を分析したASDのレポート「Implementation and Impact of the RT and Sputnik Ban on French Online Eco systems」によれば、禁止された後も、ドメインを変えるなどして情報発信を行っていたが、その後大幅に減少した。たとえばロシアのプロパガンダメディアである『スプートニク・フランス』は、名前を変えてTelegramチャンネルで3月17日までコンテンツを公開し続けていた。閲覧数は、2月28日から3月6日にかけて増加（74万1032回）したが、

3月7日には約70％減少し、21万2400回に落ち込んだ。そして3月18日以降、同チャンネルの再生回数は1万回を超えていない。コンテンツの投稿回数も減少し、その後Telegramによって閉鎖された。フェイスブックやツイッターでも同様に減少している。

しかし、この報告書は最後に「活動は減少したが、疑いは深まった」と結んでいる。つまり、ロシア国営メディアを排除したことが、「真実の隠蔽」ではないかという疑惑を強化してしまった可能性への言及と、そうした疑惑を共有する陰謀論などのコミュニティを介してロシアの国営メディアの発信する情報が、まだ拡散しているという指摘である。P19で言及した、プーチンの単純な「ファン」のように、彼らはロシアに直接操作されているわけではない。たとえ広告収入目当てだとしてもそうだ。こうした活動は露骨な違反行為がなければ排除することができない。

また、3月頃から「ファクトチェックを装った偽情報」の発信も始まった。「War on FakesTelegram」チャンネルは、ファクトチェックを装ってフェイクニュースを発信している。このチャンネルはウクライナ侵攻時にすでに存在していたが、登録者が増えたのは2月の終わり頃からだ。

War on Fakesのメッセージは、フェイスブック上で3月から4月にかけてロシア大使館やその他のロシア政府系アカウントが数百回拡散し、数百万人の利用者にリーチした。同チャンネルは英語、中国語、アラビア語、フランス語、スペイン語のサイトを持っているが、主に拡散しているのはロシア語と英語だ。

さらに、新しく「For the Truth」というチャンネルを開設し、ロシア語と英語で長文の記事を発信している。

War on Fakesのメッセージはロシアのフェイスブックとしても言われるSNS「VKontakte」を通じても拡散しており、ロシアの親たちに向けて、子供の安全や戦争に関するフェイクニュースから子供を守る必要性について感情的に訴えている。

また、ロシア由来のランサムウェアグループやマルウェアの動きも活発になり、世界各地で被害が発生し、日本でもトヨタをはじめとした企業が被害に遭ったことが、各所で報告されている。

ロシアのネット世論操作と反主流派コミュニティの接近

この時期、世界各地で陰謀論や極右、反ワクチンなどの主流ではないコミュニティがウクライナ侵攻を取り上げ、親ロ発言を行うようになった。筆者が確認した範囲では、日本、ウクライナ、アメリカ、オーストラリア、ニュージーランド、フランス、ドイツ、スペイン、スイス、チェコで起きていた。

ロシアの拡散ネットワークと、陰謀論、反米左派を含む過激派、右派が結びついたのだ。コロナに関して偽情報を拡散するネット世論操作は、パンデミック以降活発に行われていたが、そこで構築した拡散ネットワークをウクライナ危機でのロシアの立場を擁護するものに転用した可能性もある。ロシアのネット世論操作プレイブックのひとつである「アカウントの使い回し」だ。

親ロ発言を拡散しているアカウントの中には、ロシアが関与していることを知らない者が多数含まれている可能性もある。現地の人間を取り込んで利用するのもプレイブックの基本だ。利用される現地の人間をホームグロウンと呼んでいる。

この影響工作がもっとも効果を発揮するのは、現地の陰謀論や過激派、極右などの勢力が相乗りしてきた時だ。ロシアが彼らをさらに焚きつけるための材料を提供すれば、彼らは盛り上がり、拡散し、さらには独自の解釈を付加したり、「陰謀」を暴いたりしてくれる。

今回、ロシアは、「ネオナチ」、「バイオラボ」など既存のグループの琴線に触れるワードを連発した。そうでない人は、なぜそんな馬鹿げたことを言い出すのか理解できなかったと思うが、陰謀論者などには最適の撒き餌となる。世間の関心がコロナからウクライナに移っていたこともあり、陰謀論者や極右などのグループは新しいテーマ「ウクライナ」に移動した。

その最たる例がＱＡｎｏｎだろう。彼らは以前からロシアが流布する、「コロナはアメリカの陰謀」という説を支持しており、今回のウクライナ侵攻はウクライナにあったアメリカのバイオラボの破壊が目的だったと主張している。いわば、注目度と陰謀の規模が大きい旬な話題「ウクライナ」に乗り換えた形だ。

アメリカでは極右ニュースサイトなどが、アメリカがウクライナの生物兵器研究所に資金を提供したという、長年にわたる根拠のないロシアの主張を支持していた。侵攻が進むと、こうしたコミュニティはこぞってロシアを支持し始め、互いにメッセージを補強し、送り合うことによって、ロシアの主張に「信憑性」を与えている。そして、西側諸国を挑発者、失策者、ウソつきと決めつけている。こうした活動はアメリカ国内の分断を広げており、2022年11月に控えている中間選挙に影響を与える可能性がある。

フランスでは、以前からコロナに関する陰謀論を560万人のフォロワーに拡散していた人気アーティストBoobaが、話題をウクライナにシフトしてロシアを擁護している。この時点で、フランスでは大統領選が近かったため、現大統領エマニュエル・マカロン（再選）の対抗馬であった極右「国民連合」のマリーヌ・ルペンは、マカロンを追い落とすためにデマを利用していた。

フランス、ドイツの極右政治家やインフルエンサー（その多くはコロナ規制に反対していた）は、NATOがロシアの侵略を扇動したとか、ウクライナ軍が無実の市民を攻撃したと主張し、スペインではコロナのフェイクニュースを拡散していたTelegramチャンネルが、ゼレンスキーが鉤十字の絵柄のTシャツを着ている写真を広めた。

ドイツでは、20万人以上が参加するTelegramチャンネルが、アメリカがウクライナに秘密の生物実験室を有しているというデマに飛びついた。

EU全域でロシアのプロパガンダメディアである『RT』と『スプートニク』が禁止されたことが、逆にこうしたグループに火をつけたとも考えられている。

日本でも、ウクライナに関するデマを投稿していたアカウントが、以前反ワクチンやQＡｎｏｎについて発言していたことが確認されている。日本でも起きているのだ。

また、これまでQＡｎｏｎなどは中国を敵とみなしていたが、ウクライナ侵攻後ロシアと共闘していることから中国を正義の側に立つ国として支持するようになった。

ただし、皮肉なことに、ロシア国内のQＡｎｏｎ信奉者はプーチンを支持すべきかどうか決めあぐねているとベリングキャットは報じている。

ロシア支持コミュニティに広告出稿し資金を提供するグーグル

グーグルは2022年2月26日に、ロシア国営メディアへの広告配信を中止したはずだが、「GDI（Global Disinformation Index）」が3月24日に公開したレポート「Ad Funded Disinformation on Conflict in Ukraine: Ad tech companies, Brands and Policy」によれば、反ウクライナ、反民主主義のデマを拡散するサイトへの広告配信を継続しているとされている。

さらに、2022年4月8日のレポートでは、「非ナチ化」、「バイオラボ」、「ゼレンスキーはテロリスト」といった主張のサイトに、グーグルなどのアドネットワーク経由で広告が掲載されていることが確認された。

中には、アインシュタインによって設立された国際的な人権団体である国際救済委員会(International Rescue Committee)の広告を、ウクライナの民族主義者がマリウポリからの市民の脱出を妨害したというデマの記事に配信していた事例もあった。

このレポートのもととなった調査は、いずれもグーグルがロシア国営メディアへの広告配信を停止した後のことだ。グーグルは広告配信停止を発表した時、「We will continue to actively monitor the situation and make adjustments as necessary.（我々は今後も積極的に状況を把握し、必要に応じて調整していきます）」と書いているが、実際には何もしていなかったか、見て見ないふりをしていたことになる。

問題となったサイトが拡散していたのは、次のような内容だった。

・ウクライナはナチ、ファシスト。
・ロシアは、ウクライナの「脱ナチ化」のために、戦争ではなく特別軍事「平和維持」作戦を開始した。
・ウクライナはドンバスで大虐殺を犯している。
・ウクライナは民間人を殺したり、人間の盾として使ったりして、それをロシアのせいにしている。
・ウクライナは共産主義の捏造であり、主権国家の権利を与えるべきではない。
・NATO加盟国の行動は無効である。

・ロシアはウクライナの非ナチ化を進めている。
・アメリカのバイオラボがウクライナにあり、そこでは民族浄化のための生物兵器を開発している。
・ウクライナの市民を殺しているのはロシアではなくテロリストのゼレンスキーである。

広告を配信していたのは、グーグル、Yandex、CRITEO、revcontentで、このうちグーグルだけがウクライナ危機に関して声明を発表し、対応するとしていた。GDI社の他のレポートによると、こうした広告収入は1サイトにつき月間100万ドル以上（1億円以上）の収益をもたらしており、グーグルは最大の資金提供者で70％を払っていることになる。

反ワクチンを主張していた陰謀論や差別サイトが、ウクライナ危機をテーマにしてロシア擁護を始めている理由には、内容やフォロワーの親和性もあるが、「その時点でもっとも注目を浴びているテーマ」を取り上げて、アクセス＝広告収入を上げることも理由にあるだろう。

ロシアはプレイブックにしたがって陰謀論や差別サイトを煽っており、グーグルはその期待に沿うように彼らに資金を提供し続けていることになる。(初出「一田和樹ｎｏｔｅ」2022年4月2日　改稿)

第4章 3月30日から4月初旬

ロシアが蒔いた「不安の種」

3月30日にロシア軍がウクライナのブチャから撤退すると、多数の死体が発見され、ロシア軍の虐殺が明らかになった。ロシアを非難する声がグローバルノースに溢れた。

これに対してブチャの虐殺はウソであるとロシアは反論した。その発信はこれまでもっとも多く、バイオラボのピークの2倍だった。また、クラマトルスク駅での市民殺害などにも反論を行った。

ロシア当局は、死体は俳優である、死体が動いた、あるいは衛星画像に疑問を抱かせるようなさまざまなメッセージを発信した。

また、ファクトチェックサイトを装った「War on Fakes」でも虐殺の証拠がフェイクであるという発信を行った。

中国は、西側が孤立していることを強調するようになり、ウクライナへの対応とグローバルサウスの同様の被害への対応の差についてダブルスタンダードと批判した。

一方、3月31日、ウクライナ保安庁（SBU）が10万を超えるアカウントを運用していた5つのボットファームを閉鎖した。

ロシア発の情報はグローバルノースの主流派には顧みられなくなったが、グローバルサウスと陰謀論など主流ではないコミュニティでは勢いを増している。その影響力は無視できないものであり、中間選挙の結果や世論の変化によってアメリカの立ち位置が変わりかねないリスクをはらんでいる。

また、ウクライナ侵攻の影響によって、世界各地で経済や食糧などに問題が発生しており、中東やアフリカの一部では国内が不安定になりかねない事態となりつつある。この不安もグローバルサウスの反欧米意識に影響する可能性がある。

4月7日、国連人権理事会はロシアの理事国資格停止の決議を賛成93か国、反対24か国、棄権58か国、無投票18か国で採択した。前回の非難決議に比べると、「賛成しなかった」国が多数を占める結果となった。

4月11日、アメリカとインドの2＋2の閣僚級会合が開かれ、その中でインドがロシアからすぐには離れないことが確認された。さらに、4月21日には日本からウクライナ周辺国への支援物資の積み込みのための自衛隊機の受け入れをインドに拒否された。

以上が、現在までの大まかな流れである。個々の詳細を確認したい方は、あとがきに記載したネットにアップした出典リンクから情報元をご覧いただきたい。

ロシアは「負けた」のか?

すでに多くの識者が指摘しているように、グローバルノースに見えている範囲ではロシアは「負けた」。「ロシア＝悪」という認識がグローバルノースに広まっている。

ただし、この戦いは「国際世論」を舞台としたものだ。もともとロシアは国際世論で勝てない。その理由はいくつかある。

1：国際世論を形成する識者と大手メディアには「ロシアはネット世論操作を駆使する」と刷り込まれている。

２０１４年以降、アメリカ、ＥＵといったグローバルノースはネット世論操作に対して監視し、摘発してきた。ロシアが本格的に国外に対してネット世論操作を行い始めたのは、２０１３年から２０１４年にかけてであり、２０１４年に起きたクリミア侵攻でも行っている。そして、世界的な注目を集めたのは２０１６年のアメリカ大統領選への干渉で、それ以降急速にグローバルノースはロシアのネット世論操作の監視を強めた。具体的には、ＥＵの「East StratCom Task Force」、ＮＡＴＯの「NATO StratCom COE」、アメリカ国務省の「ＧＥＣ（Global Engagement Center）」などが設立され、それぞれの国でも対応する立法措置などが行われた。グローバルノースの大手メディアはフェイクニュースへの対処として新たに設立された「First Draft」などのファクトチェック機関に参加した。大手ＳＮＳ各社もファクトチェック体制を整え、定期的に問題のあるアカウントについて報告を公開した。そこでは、行動の詳細やつながっているロシアなどの国家にまで言及されることが多かった（次ページ図表）。

これらの組織やメディアは、ことあるごとにロシアのネット世論操作に関する記事やレポートを公開していったため、ロシアの情報に対する警戒感が強まり、ロシアに有利に働きそうな情報を取り上げる際には慎重になっていたと考えられる。

ロシアを監視していたファクトチェックなどの機関一覧

組織名とURL	概要
East StratCom Task Force https://euvsdisinfo.eu	欧州対外行動局（EEAS）の組織でロシアおよび東欧とのコミュニケーションに関する活動を行う（フェイクニュース対策など）
Hybrid CoE(European Centre of Excellence for Countering Hybrid Threats) https://www.hybridcoe.fi	国際的なハイブリッド脅威への対抗機関で、EU と NATO 加盟国が参加している
International Fact-Checking Network Signatories(IFCN) https://www.poynter.org/ifcn/	ファクトチェック団体が加盟する国際的な組織
アメリカ国務省グローバル・エンゲージメント・センター(GEC) https://www.state.gov/bureaus-offices/under-secretary-for-public-diplomacy-and-public-affairs/global-engagement-center/	アメリカおよび同盟国に対するプロパガンダや偽情報に対処するために設立された組織
ベリングキャット https://www.bellingcat.com	調査報道で知られる国際的組織。ロシアが隠蔽しようとした事件を何度も暴いた
大西洋評議会デジタル・フォレンジック・リサーチラボ https://medium.com/dfrlab	アメリカのシンクタンク大西洋評議会のチームで、デジタル影響工作を中心に調査を行っている
オクスフォード大学DemTech https://demtech.oii.ox.ac.uk	社会科学と計算科学を用いて民主主義の価値を高めることを目的に活動。多数のネット世論操作に関するレポートを発行
Alliance for Securing Democracy(ASD) https://securingdemocracy.gmfus.org	アメリカのジャーマン・マーシャル・ファンドの一部で民主主義を守るための活動を行っている
Centre for Information Resilience(CIR) https://www.info-res.org	偽情報など有害なオンライン活動に対処するための組織
Mythos Labs Investigating Twitter Disinformation in Ukraine https://mythoslabs.org/2022/01/04/investigating-twitter-disinformation-in-ukraine/	民間シンクタンク

そのため間接的にでもロシアに有利に働く情報を国際世論に影響を与える形で拡散することは非常に難しくなっていた。

2：グローバルノースは民主主義の象徴を求めていた。

「はじめに」で書いたように、民主主義は後退し続けており、民主主義国が多数を占めるグローバルノースは民主主義を復興するためにも象徴を求めていた。

ロシアという典型的な権威主義国に侵攻される被害者であり、国民とともに戦う民主主義のヒーローであるウクライナのゼレンスキー大統領は本人のパフォーマンスのうまさもあり、必要とされていた民主主義の象徴にぴったりとはまった。

ロシアの侵攻が始まってからゼレンスキー大統領は、精力的に各国の議会などで演説を行っている。ウクライナ大統領府の記録によると、2022年4月13日時点で、エストニア（4月13日）、韓国（4月11日）、フィンランド（4月8日）、キプロス（4月7日）、ギリシャ（4月7日）、アイルランド（4月6日）、スペイン（4月5日）、ルーマニア（4月4日）、ベルギー（3月31日）、オランダ（3月31日）、オーストラリア（3月31日）、ノルウェー（3月30日）、デンマーク（3月29日）、スウェーデン（3月24日）、フランス（3月23日）、日本（3月23日）、イタリア（3月22日）、イスラエル（3月20日）、スイス（3月19日）、ドイツ（3月17日）、アメリカ（3月16日）、カナダ（3月15日）、ポーランド（3月11日）、イギリス（3月8日）の24か国でスピーチを行っている。

さらに、国連安全保障理事会（4月5日）、大西洋評議会（3月25日）、EU（3月25日）、NATOサミット（3月24日）、王立国際問題研究所（3月22日）、G7（3月24日）でもスピーチしている。

戦争中の国家の元首が、およそ1か月弱の短期間に24か国もの国で演説するのは前代未聞だ。もちろん、ほとんどがグローバルノース、欧米、民主主義国である。グローバルノースもウクライナのゼレンスキーも双方が必要とされていることをわかっていたのだろう。

3：2021年、反プーチンのロシア紙編集長がノーベル平和賞を受賞した。

2021年にロシアのジャーナリストで『ノーバヤ・ガゼータ』編集長のドミトリー・ムラートフがノーベル平和賞を受賞した。

ノーバヤ・ガゼータ紙は、ロシア国内でプーチンに批判的な新聞だ。部数は少なく、ロシア国内でのメディアとしての影響力は大きいとは言えないし、おそらくロシアに関心を持つ人の間でも存在は知っていても記事の信憑性に全幅の信頼を置いているわけではない人も多かったと思う。しかし、ノーベル平和賞の受賞で、ノーバヤ・ガゼータの信憑性と知名度は一気に上がった。ノーバヤ・ガゼータが正しいなら、プーチン、そしてロシア政府はとんでもないことを行っていたことになる。グローバルノース諸国で、その認識が広がった。

4：国際世論に影響を与える大手メディアや著名人、ＳＮＳプラットフォームのほとんどはグローバルノースにいる。

日本というグローバルノースの国にいると当たり前に感じてしまうが、国際世論とはグローバルノースの世論とほぼイコールである。そこに影響を与える大手メディアや著名人もグローバルノースにいる。

より正確に言えば、大手メディア・著名人・ＳＮＳはアメリカが握っている。もちろんメディアやSNSは必ずしもアメリカ政府の意向にしたがった動きをするわけではないが、前述のようにロシアの話題にはかなり慎重にならざるを得ない状況となっていた。

念のため、繰り返しておくと、国数でも人口でもグローバルサウスのほうが多い。しかし、国際世論を動かす大手メディア、著名人、SNSはグローバルノースのアメリカに寡占されている。極めてアンバランスな状態なのだ。

そのためロシアが国際世論に影響を与えるネット世論操作を行うことは極めて困難であり、最初から負けることはわかっていた。もちろん、ロシアもよくわかっていたはずだ。

ロシアはネット世論操作を仕掛け、ウクライナは国際世論操作を仕掛けた

ロシアは最初から国際世論を動かそうとはしていなかったと考えるのが妥当だろう。日頃、プーチンやロシアの発信する情報に懐疑的で批判しているメディアが、ウクライナへの侵攻を肯定的に報道する可能性がないことは誰でもわかる。著名人やSNS企業も同様だ。発言したとたんにファクトチェックされ、大手メディアに「またロシアが……」と報

じられ、SNSから投稿を削除される。そもそも大手SNSではロシア関連のプロパガンダアカウントは多数凍結されてしまっている。

しかし、それにもかかわらずロシアおよび関係機関からは、「戦争はでっちあげ」、「ウクライナにはアメリカのバイオラボがある」、「ウクライナ人はナチ」といったフェイクニュースが多数発信されている。前述の「East StratCom Task Force」のサイト、「EUvsDisinfo」で検索すると膨大の数のフェイクニュースがずらりと並ぶ。

その理由は簡単で、ロシアは「グローバルサウスとロシアの言うことに耳を傾ける人々」に対して発信しているのである。グローバルノースのメディアや著名人の多くが一蹴するロシア発の情報でも、グローバルサウスでは「フェイクニュース」として排除される割合はだいぶ低くなる。中国に至っては、拡散までしている。グローバルノースに対する反発は、グローバルサウスの国の多くが持っている。

2022年4月7日に行われたロシアの国連人権理事会理事の資格停止に関する決議では、資格停止に賛成した国は93、反対は24、棄権は58、無投票18だった。わかりやすく書くと、資格停止に賛成93、賛成せず100となる。賛成しなかった国のほとんどはグローバルサウスである。

一方、ウクライナは、グローバルノースの民主主義の象徴として国際世論を掌握した。こうして見ると、どちらの側も「それぞれの戦場」で戦って、「それぞれなりの成果」を上げているのが実情であり、総体としてどちらかが優勢とはまだ言い切れないのではないだろうか。国際世論が親ロシアに傾く可能性はほぼないが、同じようにグローバルサウスの多くの国が反ロシアに染まることも民主主義化する可能性もほとんどない。さらにロシアを支持する陰謀論や極右の活動は資金的支援もあって過激になりつつあり、そのリスクは高まっている。

さらに、大きな問題は、国際世論を利用して、グローバルサウスや陰謀論や極右のコミュニティを説得することは困難だが、グローバルサウスの反発や陰謀論や極右のコミュニティの過激な破壊活動によって、国際世論を変化させることは可能だということだ。アメリカでは共和党がQAnonなどの陰謀論に汚染されつつあるので、次の大統領が共和党候補になれば一気にロシアへの態度が変わる可能性すらある。

2022年はアメリカの中間選挙の年でもあり、アメリカ国内で暴動やテロ活動が行われて、選挙に影響を与える可能性もある。前述のように国際世論は多くをアメリカに依っている。国際世論とはアメリカにとっての国内世論だと考えるとわかりやすい。アメリカの国内世論が変われば国際世論も変わる可能性は低くない。

多くの方は報道機関、特に欧米の報道機関は公正中立である、少なくともそうあろうとしている、と考えているかもしれない。しかし、それは誤りである。いくつもの研究でそれは明らかになっている。スタンフォード大学「CISAC（Center for International Security and Cooperation）」の「ESOC（Empirical Studies of Conflict Project）」が2021年8月にまとめた「ESOC Working Paper #27: Media Reporting on International Affairs」によれば、取り扱うニュースに明らかな偏りがあった。

この調査では2010年から2020年の間に発表された約4000万件の新聞記事、上位のオンラインニュースサイトの約2500万件の記事が分析されている。国際的なメディア、『ワシントン・ポスト』、『ニューヨーク・タイムズ』などを対象に、内容の偏りと、取り上げられる頻度や量について検証したのである。

取り上げられる頻度や量というのは、特定の事件、戦争、災害による被害者や難民の数と記事の掲載頻度と量の関係である。たとえば、より多くの被害者がいた災害の報道がより多くの回数、量で報道されていれば適正ということになる。

多くの問題が指摘されているので、詳しく知りたい方は、ぜひ本文を読んでいただきたい。取り上げられやすい話題は決まっており、たとえば権威主義国、政治的暴力、クーデター、アメリカ軍などは記事として取り上げられやすい。

逆に、取り上げられやすいテーマに比べると、甚大な被害をもたらした問題ですら、ほとんど報道されていないことがあることもわかった。難民の数、自然災害や伝染病の死亡者数、政府から死刑を宣告された人数が大きく変化しても報道の数は驚くほどわずかしか変化しない。たとえば難民の場合、難民1人につき約0・0009本の記事だ。2000人の難民が発生して、1本の記事が生まれる計算だ。この数字は自然災害や死刑など、カテゴリーによって変わってくるが、低い数値である。

また、右派のメディアと左派のメディアでは取り上げる話題に明らかな違いがあった。右派は国際経済や金融に関する話題が多く、左派は感染症、地球環境問題、海外の自然災害などの話題を取り上げることが多かった。読んでいるメディアによって得られる情報は大きく異なることになる。

最近の多くの学術研究は偽情報に焦点を当てているが、このレポートでは明らかに偏った報道を大手メディアが行っている問題のほうがより深刻であると指摘している。まったくその通りであり、結果的にウクライナは、権威主義国、政治的暴力、アメリカ軍といった取り上げられやすい話題に合致しており、ゼレンスキーはそこをうまく利用した形になった。

もし、報道機関が公正中立であろうとするなら、あるいは偏っていてもそれを明らかにしているというなら、報道機関は掲載された記事の統計数値によってそれを証明すべきだろう。他の企業が当たり前のように公開している透明性レポートと同じだ。報道機関にこそ透明性レポートは必要と考えるのだが、なぜか見当たらない。記事の統計、読者や外部からのクレームの統計、不祥事の統計など明かすべき情報はたくさんある。そのへんの脇の甘さが世論操作に利用される理由なのかもしれない。

【資料】ウクライナ情勢を知るために便利なウェブサイト

日々刻々と変化するウクライナ情勢をチェックするのに便利なサイトをリスト化した。

▼ニュースや研究結果などのまとめ

・オクスフォード大学の「Programme on Democracy & Technology」のニューズレター
(https://demtech.oii.ox.ac.uk/news/)
主として論文や調査報道などを紹介している。

・時系列でまとめてある「Tow Center for Digital Journalism のRussia/Ukraine War: A Platforms & Publishers Timeline」
(https://datawrapper.dwcdn.net/dSP5x/47/)

サイバー空間での出来事（規制、サイバー攻撃など）を日別でまとめてある。

・大西洋評議会のデジタル・フォレンジック・リサーチラボ

(http://www.atlanticcouncil.org/category/content-series/russian-hybrid-threats-report)

ロシアなどのネット世論操作を調査しており、ウクライナ侵攻に関連する話題はRussian hybrid war reportでまとめて確認できる。

・Mythos Labsの「Investigating Twitter Disinformation in Ukraine」シリーズ
(https://note.com/ichi_twnovel/n/n710a86012263?magazine_key=m6dd905e52532)
Mythos Labsが定期的にツイッターの投稿数など統計データと分析結果を掲載している。

▼ファクトチェック

・#UkraineFacts　International Fact-Checking Network Signatories（IFCN）のプロジェクトでウクライナに関するファクトチェックサイト
(https://ukrainefacts.org)

・EUvsDisinfo　DISINFO TARGETING UKRAINE
(https://euvsdisinfo.eu/category/ukraine-page/)

East StratCom Task Forceが運営するファクトチェックサイト。ウクライナ侵攻に関する特別ページがある。

・ベリングキャット
（https://www.bellingcat.com）

調査報道で有名なサイト。衛星写真などを使ったＯＳＩＮＴ（オープンソースインテリジェンス）。

・Centre for Information Resilience（CIR）の Eyes on Russia project
（https://www.info-res.org/latest）
ロシアの偽情報の検証を継続的に行っている。

▼状況を確認するのに便利ツール

・ＡＳＤ「War in Ukraineダッシュボード」
（https://securingdemocracy.gmfus.org/war-in-ukraine/）

ロシア、中国、イランのＳＮＳの投稿数、動画投稿数、ウェブ投稿数などを時系列でインタラクティブにチェックできる。

・ＣＩＲ（Centre for Information Resilience）のRussia-Ukraine Monitor Map
（https://maphub.net/Cen4infoRes/russian-ukraine-monitor）

被害に遭った地域が地図でわかる。また、ＣＩＲは、網羅的に収集した情報を定期的にまとめている。

（ＣＩＲのサイト本体 https://www.info-res.org）

第2部

ロシアのネット世論操作の実態

世界トップレベルのネット世論操作大国ロシア

世界に展開するロシアのプロパガンダツール

安全保障問題を扱う「Lawfare Institute」のサイト「Lawfare」にデジタル影響工作の歴史という記事が掲載されたが、読んでみるとそのほとんどがロシアに関する記述であり、同国の行うネット世論操作が世界をリードし、攪乱してきたことがよくわかる。

イラクなどのテロ組織がインターネットを利用して勧誘、思想の拡散、知識の共有を始めたことで、メディアにネット上の影響工作の危険性が取り上げられるようになった。しかし、その活動や効果には限界があった。

2012年になって、ロシアをはじめとする各国が本格的にネット上で影響工作を行うようになると、世論に与える影響力は格段に大きくなった。ロシアはシリア、チェチェン、ウクライナに関するデジタル影響工作キャンペーンを繰り広げ、アメリカのBLM（ブラックライブズマター）に干渉し、大統領選にまで影響を与えた。これに対抗するために欧米ではさまざまな組織が設立され、体制が整えられた。世界のネット世論操作はロシアを中心に回っていたのである。

ネット世論操作を研究しているオクスフォード大学の「Computational Propaganda Project」の「Industrialized Disinformation: 2020 Global Inventory of Organized Social Media Manipulation」の資料では、ネット世論操作の内容を政府支持、敵対者攻撃、攪乱、言論統制、分断の5つに分け、それらを実行する組織を政府機関、政党・政治家、民間企業、市民団体、市民・インフルエンサーの5つに分けている。ネット世論操作活動を行っている各国の中で上位17か国を一覧にしてみると、すべての内容、すべての組織を網羅しているのはロシアのみである。

また、プリンストン大学の研究「Trends in Online Influence Efforts第2版」では調査対象30か国のうち、外国に対してもっとも多くネット世論操作を仕掛けていたのはロシアだった。2017年のピーク時には、ロシアは世界各地で34の異なるネット世論操作作戦を行っていたと推定されている。

古くは2013年に初めてハッシュタグが確認されたBLM、トランプ大統領を生んだ2016年の米大統領選などへの干渉を行い、ヨーロッパの政党にも影響を与えてきた。

ネット世論操作活動を行う上位17か国

	内容					組織形態				
	政府支持	敵対者攻撃	撹乱	言論抑制	分断	政府機関	政党・政治家	民間企業	市民団体	市民・インフルエンサー
中国	○	○	○	○		○		○	○	○
エジプト	○	○	○	○		○	○	○		
インド	○	○		○	○	○	○	○		○
イラン	○	○			○	○	○		○	
イラク	○	○	○			○	○	○	○	
イスラエル	○	○		○		○	○	○	○	○
ミャンマー	○	○		○	○	○				
パキスタン	○	○		○	○	○	○			
フィリピン	○	○		○	○	○	○	○	○	○
ロシア	○	○	○	○	○	○	○	○	○	○
サウジアラビア	○	○	○	○	○	○	○	○		○
ウクライナ	○	○		○			○	○		○
UAE	○	○		○		○		○		○
イギリス	○	○			○	○	○	○	○	○
アメリカ	○	○		○	○	○	○	○	○	○
ベネズエラ	○	○	○	○	○	○	○	○		○
ベトナム	○	○		○		○		○		○

「Industrialized Disinformation: 2020 Global Inventory of Organized Social Media Manipulation」より作成

ネット世論操作の対象は大きく「国内」と「国外」がある。まず、国外について整理してみたい。ロシアにとって、国外に向けたネット世論操作のターゲットとなる国はアメリカであることが多い。前掲のプリンストン大学の研究によると、2013年から2019年にかけて、アメリカに13件、英国に4件、共通の政治的目標を持つ複数の国に対して同時に3件、オーストラリア、ドイツ、オランダ、南アフリカ、ウクライナに対してそれぞれ2件、そしてアルメニア、オーストリア、ベラルーシ、ブラジル、カナダ、中央アフリカ共和国、フィンランド、フランス、イタリア、リビア、リトアニア、マケドニア、マダガスカル、モザンビーク、ポーランド、スウェーデン、スペイン、スーダン、タイ、シリアでそれぞれ1件の作戦を実施している。

国外に対して行うネット世論操作の基本的な目的は「分断」と「混乱」である。分断と混乱をもたらすことによって、相手国の力を削ぎ、場合によっては親ロシア勢力を拡大することを狙っている。

2016年、アメリカ大統領選挙におけるヒラリー・クリントン、2017年フランス選挙におけるエマニュエル・マクロン、2010年代のシリア内戦におけるホワイト・ヘルメット（シリア内戦で被害を受けた民間人を救うボランティア組織。救助活動がやらせであるとか、アルカイダと結託しているなどというフェイクニュースが盛んに流された）、Brexitが争われていた頃の英首相テレサ・メイ、世界各地でのアメリカの軍事活動、スーダンでの反政府デモなどをターゲットとして、信用の失墜、影響力低下を狙ったネット世論操作を仕掛けていた。ヒラリー・クリントンやホワイト・ヘルメットに関するフェイクニュースは日本でも流れていたのでご存じの方も多いだろう。

目的はあくまでも相手国の国内の問題を拡大することなので、BLMに干渉し運動を盛り上げただけでなく、それに反対する運動も盛り上げていた。他にオーストラリア、ブラジル、カナダ、南アフリカで分断を進めるような工作を行った。

また、2016年のドイツで、ロシア系少女が中東からの移民にレイプされたとウソをついたところ、ロシアはそれを拡散し、外務大臣もドイツ当局が隠蔽しようとしていると非難した。その結果、ドイツ各都市で抗議デモが起こる事態となった。もともと移民問題が顕在化していたところに、さらに油を注いだわけだ。

また、相手国国内世論の「分断」と「混乱」という、2つの目的に合致する政治家、政党、極右組織、極左組織、陰謀論サイトなどの支援も行っている。

アメリカのオルトライト、ドイツ連邦選挙（2017年）における極右政党「AfD(Alternative for Germany)」、Brexitの国民投票時のBrexit支持派、カタルーニャの独立投票における独立派、2016年米大統領選挙におけるドナルド・トランプ、イタリアの五つ星運動（M5S）と極右政党リーグ（La Lega）、カリフォルニア州とテキサス州における独立を求めるフリンジ運動、リビア国民軍とハリファ・ハフタル将軍、南アフリカの2019年大統領選挙におけるアフリカ民族会議（ANC）党、中央アジアとタイにまたがるロシアの外交政策、中央アフリカ共和国の大統領候補、マダガスカル大統領選の候補、モザンビーク大統領候補者などを支援した。

そして、これらの目的を達成するためのツールとして、プロパガンダメディア、ボットなど、プロキシ、相手国の組織、広告、パブリック・ディプロマシー、ディアスポラ、外注などがあり、それらを使って図のようなさまざまな活動を行う。これらについて、ひとつずつ説明してゆく。

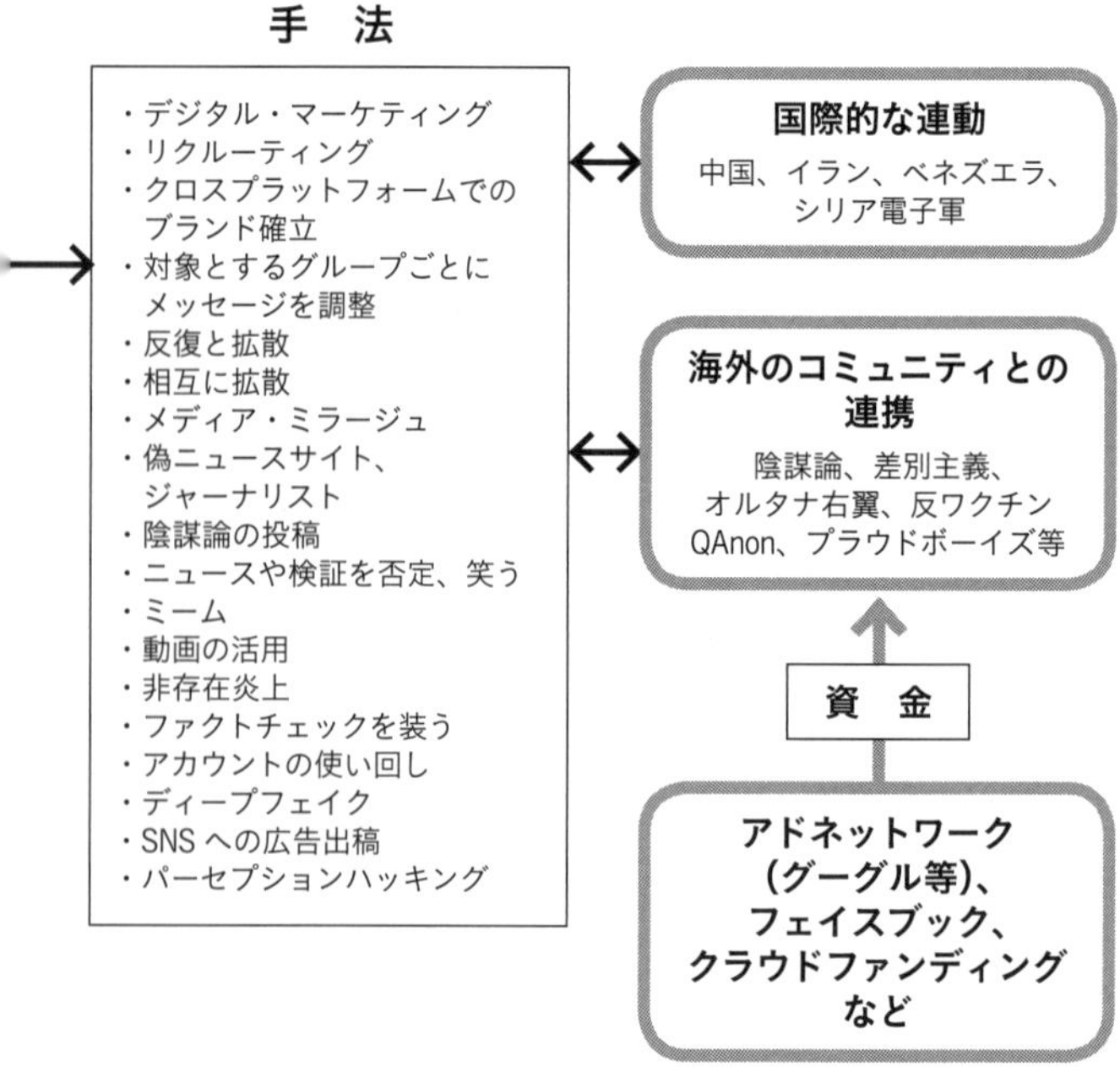
手　法
・デジタル・マーケティング
・リクルーティング
・クロスプラットフォームでのブランド確立
・対象とするグループごとにメッセージを調整
・反復と拡散
・相互に拡散
・メディア・ミラージュ
・偽ニュースサイト、ジャーナリスト
・陰謀論の投稿
・ニュースや検証を否定、笑う
・ミーム
・動画の活用
・非存在炎上
・ファクトチェックを装う
・アカウントの使い回し
・ディープフェイク
・SNS への広告出稿
・パーセプションハッキング
国際的な連動
中国、イラン、ベネズエラ、シリア電子軍
海外のコミュニティとの連携
陰謀論、差別主義、オルタナ右翼、反ワクチン QAnon、プラウドボーイズ等
資　金
アドネットワーク（グーグル等）、フェイスブック、クラウドファンディングなど

ロシアのネット世論操作チャート

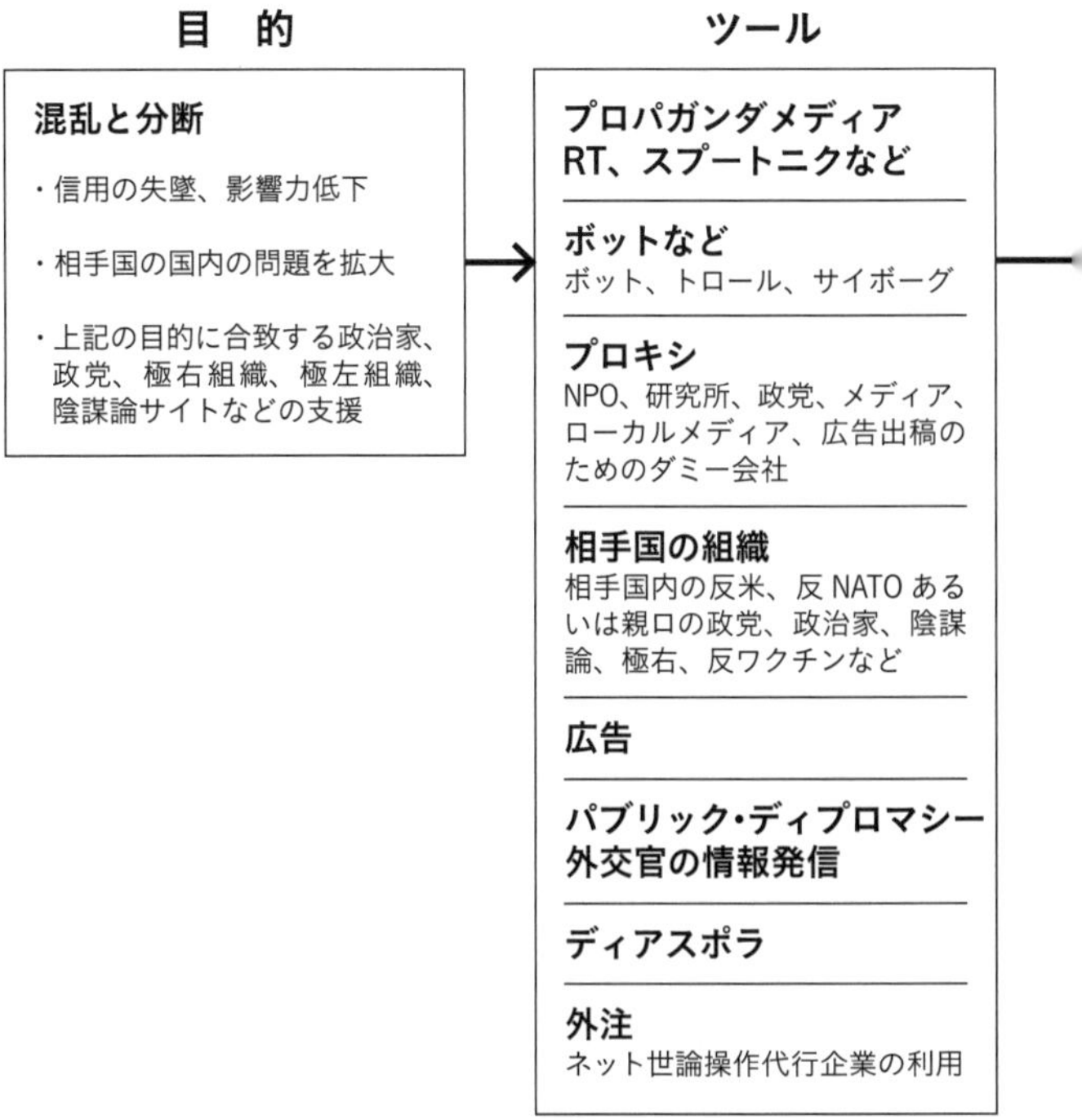
目　的
混乱と分断
・信用の失墜、影響力低下
・相手国の国内の問題を拡大
・上記の目的に合致する政治家、政党、極右組織、極左組織、陰謀論サイトなどの支援
ツール
プロパガンダメディア
RT、スプートニクなど
ボットなど
ボット、トロール、サイボーグ
プロキシ
NPO、研究所、政党、メディア、ローカルメディア、広告出稿のためのダミー会社
相手国の組織
相手国内の反米、反 NATO あるいは親ロの政党、政治家、陰謀論、極右、反ワクチンなど
広告
パブリック・ディプロマシー
外交官の情報発信
ディアスポラ
外注
ネット世論操作代行企業の利用

『RT』、『スプートニク』、『VK』

ロシアは、政府がプロパガンダのためのメディアを所有している。もっとも有名なのは『RT』と『スプートニク』である。各国語版があり、世界各国に展開している。表向き、普通のニュースも流すが、その目的は「ロシアから見た世界の事実」の流布であり、その大半はフェイクニュースおよびヘイト、偏った情報である(米国務省資料「Report: RT and Sputnik's Role in Russia's Disinformation and Propaganda Ecosystem」)。

『RT』は、「Russian Today」という名称で2005年に設立されたテレビネットワークで、アメリカ進出の際、キャンペーンを立案した大手広告代理店マッキャン・エリクソンの提案で『RT』と改名した(「RT, Sputnik and Russia's New Theory of War」The New York Times　2017年9月13日)。ロシア語、英語、スペイン語、フランス語、ドイツ語、アラビア語版がある。予算は年間約3・2億ドル。トークショー番組のホストとして著名なラリー・キングを招聘《しょうへい》して番組を放送したこともある。

『スプートニク』は、ニュースメディアで2014年11月に発足した。英語、スペイン語、アブハズ語、アラビア語、アルメニア語、アゼルバイジャン語、ベラルーシ語、ポルトガル語、中国語、チェコ語、ダリー語、ドイツ語、エストニア語、フランス語、グルジア語、ギリシャ語、イタリア語、日本語、カザフ語、キルギス語、ラトビア語、リトアニア語で提供されている。日本でもスプートニクの記事をプロパガンダ記事あるいはフェイクニュースと知らずにSNSで引用、拡散する人がいることから見ても、各国で一定の効果を上げていると思われる。

『RT』や『スプートニク』以外にもプロパガンダメディアは多数存在し、挙げているときりがないが、その一部を表にしたのが次ページのものである。

また、ロシアには『VK（VKontakte）』というSNSがある。ロシア語圏の利用者が多いが、その他の言語の利用者もいる。ヨーロッパにはロシア語話者も多いため、利用者は幅広くヨーロッパに存在し、その影響力も少なくない。現在、EUでは禁止されているので利用できないが、少し前のデータ、たとえば、Alexaのデータ（2020年8月13日時点の過去3か月）では、そのアクセス数が、ドイツでは15位、フランスでは28位、イギリスでは21位となっている。

ロシアのプロパガンダメディア

メディア	URL
Sputnik	https://sputniknews.com
Sputnik日本版	https://jp.sputniknews.com
RT	https://www.rt.com
Vesti	https://www.vesti.ru
Radio Vesti	https://radiovesti.ru/
Izvestiya	https://iz.ru
RIA FAN	https://riafan.ru
RIA Novosti	https://ria.ru
Tsargrad	https://tsargrad.tv
Lenta	https://lenta.ru
REN.tv	https://ren.tv
Baltnews Latvia	https://lv.baltnews.com
Regnum	https://regnum.ru
Ukraina.ru	https://ukraina.ru
Rambler	https://www.rambler.ru
Eurasia Daily	https://eadaily.com/ru/
Gazeta.ru	https://www.gazeta.ru
MK.ru	https://www.mk.ru
Russkaya Vesna	https://rusvesna.su
Komsomolyskaya Pravda	https://www.kp.ru
Putin Today	https://www.putin-today.ru

バルト三国でもエストニア4位、リトアニア14位、ラトビア8位と、よく利用されている。ちなみに2022年4月15日現在、日本の15位は「google.co.jp」、20位は「xvideos.com」、25位は「Pornhub.com」であることを考えると、これらの国々でどれだけVKがよく利用されていたのかわかるだろう。

その影響力を活用するために『VK』でもネット世論操作が行われており、それを警戒する「NATO StratCom（NATOの対ロシアハイブリッド戦タスクフォース）」はVKの定点観測を行っているほどである。

「ボット」や「トロール」

また、少しネットに詳しい人ならば、ネット世論操作というと、「ボット」、「トロール」、「サイボーグ」のイメージを持っている方もいると思う。よく使われる代表的なツールである。ボットはシステムによって自動的に運用されるSNSアカウントで、トロールは人手によって運用されるSNSアカウント、サイボーグはシステムに支援された手動運用である。

多数のアカウントをこれらの仕組みで操作して、特定の発言を拡散してゆく。ロシアのネット世論操作では、IRA（Internet Research Agency）という機関がサンクトペテルブルクで多数のトロールを雇って働かせていたトロール工場が有名である。IRAが2016年のアメリカ大統領選で行ったSNS上での活動をまとめたのが下の表だ。

ボットやトロールの利用はロシアだけではなく、ほぼ世界各地で行われており、その主たる活躍の場は選挙であることが、前掲の「The Global Disinformation Order: 2020 Global Inventory of Organized Social Media Manipulation」からわかっている。

2016年アメリカ大統領選時のIRAによるネット世論操作

媒体	アカウント数	投稿数	到達範囲	シェア
ツイッター	3,841	最大1,040,000	最大140万利用者	リツイート440万回
フェイスブック	81	最大61,500回	最大1億2600万利用者	3,100万回シェア、3,900万回いいね！、絵文字つきで540万回、コメント350万回
インスタグラム	133	最大116,205回	2000万利用者以上	18,500万いいね!、コメントが400万回
YouTube	17チャンネル	最大1,100ビデオ		
広告	76のアカウントから購入3,393回出稿	インタレストベース広告を1,852回出稿 AdWords広告へ655回出稿		細かくセグメントしたターゲットごとに異なる広告を出稿していた。IRA関連ページへ誘導する。67,502のオーガニック投稿を生んだ。

『The Tactics & Tropes of the Internet Research Agency』（New Knowledge、https://digitalcommons.unl.edu/senatedocs/2/）および『The IRA, Social Media and Political Polarization in the United States, 2012-2018』（オクスフォード大学ネット世論操作プロジェクト、https://comprop.oii.ox.ac.uk/research/ira-political-polarization/）より作成

「プロキシ」

さらに、ロシアには「プロキシ」と呼ばれる政府由来と表向きわからない形にしている組織もある。ロシアの主張を明らかにロシア政府発信とわかる形で行うよりも、第三者のサイトからの賛同や情報発信があるほうが信憑性は増し、多数の支持者がいるかのように見せることができる。閲覧しただけではロシア政府との関係はわからないので、信用して拡散する人やメディアも存在する。

プロキシの存在は以前から指摘されていたが、2020年8月に公開されたアメリカ国務省GEC（Global Engagement Center）の資料「Pillars of Russia's Disinformation and Propaganda Ecosystem」で詳細が公開された。プロキシは多数存在し、相互に参照、拡散を行っており、ここに挙げているのは、その一部である。なお、表中のフォロワー数などは2020年当時のGECの資料をもとにしているので、現在多くのSNSアカウントは凍結されている。Global ResearchのYouTubeチャンネルなど一部はまだ閲覧可能だ。

表中の組織を解説しよう。

ロシアのプロキシ

サイト名	フォロワー数				
	言語	フェイスブック	ツイッター	YouTube	VK
Strategic Culture Foundation	英	28,182	休止	491	
	ロシア	13,187	休止	-	2,590
New Eastern Outlook	英	19,432	-	3,150	575
Global Research	英	279,291	37,300	35,800	-
News Front	英	1,140	停止	-	-
	フランス	1,248	1,137	-	-
	ブルガリア	1,200	停止	-	-
	ロシア	149,089	111	-	-
	ドイツ	1,739	停止	-	-
	セルビア	1,091	停止	-	-
	スペイン	1,619	停止	-	-
	ジョージア	-	停止	-	-
Geopolitica.ru	英	1,535	-	2,860	-
	ロシア	12,642	-	-	-
	フランス	1,331	247	-	-
	スペイン	1,557	5,000	-	239
	ポルトガル	休止		-	-
	多言語			2,860	-
Katehon	英	12,155	停止	5,930	-
	スペイン	停止	停止	-	-
	アラビア	49863	357	-	-
	フランス	停止	停止	-	-
	ドイツ	停止	33	-	-
	ロシア	775	828	-	-
	セルビア	-	-	24	-

Pillars of Russia' s Disinformation and Propaganda Ecosystem（アメリカ国務省グローバル・エンゲージメント・センター、2020年8月、https://www.state.gov/wp-content/uploads/2020/08/Pillars-of-Russia's-Disinformation-and-Propaganda-Ecosystem_08-04-20.pdf）より作成

一番上にある「Strategic Culture Foundation」は、実質的にはロシア対外情報庁（SVR）が運営しており、2005年から運用が開始されている。ロシア外務省も関係している。プロパガンダや捏造情報拡散で中心的役割を果たしている。

次に、「New Eastern Outlook」は、「Russian Academy of Science's Institute of Oriental Studies」のサイトで、主として中東、アジア、アフリカに関する捏造情報やプロパガンダを発信している。2013年に開設。

「Global Research」は、カナダの「ホームグロウン」のサイト。ホームグロウンとは、思想に感化されたり、洗脳されたりして対象国内でプロパガンダを行う現地の人間を指す言葉。陰謀論を発信している。背後ではロシア連邦軍参謀本部情報総局（GRU）などが記事を執筆している。2001年開始。

「News Front」は、クリミアに拠点を置くネット世論操作の発信源。最初は「Crimian Front」、次に「South-Easern Front」と名称を変え、現在の名前になった。英語だけでなく、ドイツ語、フランス語、スペイン語、ジョージア語など多言語対応している。ロシア連邦保安庁（FSB）が関与し、ロシア政府から資金を得ている。

「Geopolitica.ru」は、ユーラシア連合を唱えるドゥーギンの主張にインスパイアされたサイト。ウルトラ・ナショナリストのプラットフォームになっており、西側を激しく批判している。２０１５年開始。

「Katehon」は過激な反西側プロパガンダを発信している。２０１６年開始。

ＡＰ通信社、ＭＩＢＵＲＯ、ＣＢＳなどの報道によれば、他にも「Zero Hedge」、「Odnarodyna」、「Antifashist」、「ロシア連邦通信社Avia.pro」、「Politnavigator」といったプロキシが前出のＧＥＣ資料発表後に増加したとされている。もちろん、これらの中には対ウクライナを目的として作られたものも多い。

これらのプロキシの中では「News Front」は比較的長く運用されており、クリミアを拠点としている。何度もアメリカから制裁を受けているが、さまざまな方法で活動を継続してきた。

ＩＳＤのレポートによれば、「News Front」はフェイスブックやツイッターなどのＳＮＳプラットフォームのチェックを回避するために、複数のミラードメインを利用し、英語以外の言語での拡散をしているという。多くのＳＮＳプラットフォームは、英語以外のチェックが甘い。ＩＳＤは、「News Front」が用いている方法はこれまで何度も使われたものだが、根気よく同じことを繰り返すだけで継続が可能なことを示していると指摘している。

相手国の組織を支援し、利用する

かつての世論操作には思想的な背景があったが、現在のネット世論操作には「まったくない」と言っても過言ではない。

とにかく相手国に分断と混乱をもたらすことができれば、どんな相手にも協力する。反米、反NATO、親ロであればなおさらだ。しかし、そこにもこだわるわけではない。政党、政治家、企業、反ワクチン、陰謀論、極右、差別主義者などさまざまな反体制で過激な主張を行っている組織を支援し、利用する。

QAnon、プラウドボーイズといった世界的にも知られる危険な集団がロシアの発信する情報に影響されている。こうした集団は、今回のウクライナ侵攻でも反ウクライナあるいは反西側の主張を拡散し、さらに付け加えたりしている。

「広告」

信じられないかもしれないが、ロシアはネット世論操作のための広告をフェイスブックなどに出稿していた。112ページの表中に書いてあるように、2016年のアメリカ大統領選では、数千回も出稿していた。もちろん、すでに知られているロシアの機関が直接購入することはできないので、正体がわからない形で購入する。

SNSプラットフォーム側が、規制によって広告をやめることは難しく、今後も利用され続ける可能性が高いと考えられる。次に挙げるような一連のSNSプラットフォームの不祥事がそれを裏付けている。

2021年に発覚したスキャンダル、いわゆるフェイスブック・ペーパーは、フェイスブックが一部の顧客に対して広告やコンテンツのチェックを甘くしていたことを暴露した流出文書だ。この措置は、「クロスチェック」または「XCheck」と呼ばれるプログラムであり、これによって数百万人のVIPが、同社のヘイトや暴力の扇動の禁止などのルールの適用を免れていた。このVIPには、多数のファンを抱える陰謀論や差別主義者なども含まれていた。また、フェイスブック自身はワクチンを推奨していたにもかかわらず、反ワクチン論者が集う場所となっていた。

フェイスブックの広告のターゲティングには、陰謀論（New World Order conspiracy theory）、ケムトレイル陰謀論（Chemtrail conspiracy theory）、ワクチン疑惑（Vaccine controversies）、ユダヤ人差別者（Jewhater）、ユダヤ人陰謀論（History of 'why jews ruin the world.）といったカテゴリが存在していたことが、調査報道で有名な『The Markup』の調査で判明している。

同じく、『The Markup』の調査で、スキャンダルの後も相変わらず、問題のある運用を行っていることが、明らかになっている。

また、グーグルは『Politifact』や『Snopes』といったファクトチェックのサイトに、デマや陰謀論サイトへ誘導する広告を出稿していたことが『ニューヨーク・タイムズ』によって暴かれている。

陰謀論者や差別主義者たちは、SNSプラットフォームに多大なアクセスと利用者をもたらし、活性化するため、ウィンウィンの関係ができてひとつの生態系になっているのではないかと思うくらい分かち難いようだ。

コロナによって、陰謀論サイトが潤ったことがよい証拠だ。アメリカのシンクタンク、「NEW AMERICA」のレポート「Getting to the Source of Infodemics: It's the Business Model」は、はっきりとコロナのインフォデミックをもたらしたのは、グーグル（傘下のYouTube）、フェイスブック、ツイッターなどのターゲット広告だと指摘している。

また、オクスフォード大学の「Computational Propaganda Project」のデータメモ「Profiting from the Pandemic Moderating COVID-19 Lockdown Protest, Scam, and Health Disinformation Websites」も2020年11月に同様の指摘をしている。これらのことから、SNSプラットフォームビジネスは、ロシアのネット世論操作にとって貴重な攻撃基盤を提供していると考えてよいだろう。

パブリック・ディプロマシー

パブリック・ディプロマシーとは、「広報文化外交」とも呼ばれ、広報や文化交流を通じて自国の主張を外国に伝える手法である。ロシアの場合、実際には外交官などが過激な主張やデマをSNSに投稿する活動になってしまっている。

外交官など政府関係者の場合、アカウントが凍結されにくいという利点もあって、今回のウクライナ侵攻に当たっては第2部第1章に書いたように大いに利用されている。


ロシアだけではなく、中国もパブリック・ディプロマシーに近年力を入れるようになっており、2020年以降、そのためのアカウントが急増している。オクスフォード大学のレポート「China's Public Diplomacy Operations: Understanding Engagement and Inauthentic Amplification of PRC Diplomats on Facebook and Twitter」によれば、中国の外交官と中国メディアの活動は、特にツイッターで顕著であり、外交官は、9か月間で合計20万1138 2回、1日平均778回ツイートしていた。約700万の「いいね!」、100万の「リプライ」、130万の「リツイート」があった。フェイスブックでは3万4041回の投稿を行っていた。こうした拡散の裏にはスーパースプレッダー（より多数に拡散することができるアカウント）の存在があったのだが、次々とアカウントが凍結されていった。

ネット上でプロパガンダを展開する中ロが、パブリック・ディプロマシーを展開している理由は、「ディアスポラ」へのアプローチではないかという指摘がある。海外で暮らす自国の出身者や同じ言葉を話す人々に対して影響力を行使しようとしているのだという。個人的には、パブリック・ディプロマシーを拡散する基盤ができたためではないかと思っている。コロナ以降、陰謀論などのコミュニティが広がった。反ワクチン、反米や差別主義者たちにとって中ロの発信する情報は「真実」を知るための貴重な情報源になっている。外交官など公的機関の発言ならなおさらだ。

ディアスポラ

ヨーロッパ各国にはロシアからの移民がいる。それらをうまく利用して、情報を拡散したり、煽って行動に駆り立てたりしている。前掲のドイツでロシア系少女が「行方不明」になった事件（実際はレイプの事実はなく、知人男性宅に家出したがっていた少女の虚偽だと発覚）で、外務大臣がロシアのディアスポラを煽って抗議運動に誘導したのがよい例だ。

ロシアの影響工作活動を暴いた古典的な資料「The Kremlin's Trojan Horses」3部作でも、ロシアがフランスなどにいるディアスポラを利用していることや、ヨーロッパ各地にあるロシア正教会を利用していることが指摘されている。

ウクライナ侵攻に関しても、ロシア正教会から侵攻を擁護する発言などが飛び出しているが、以前からロシア正教会はロシアの国益のための道具として利用されていたのだ。

ネット世論操作代行業者への外注

ネット世論操作を専門に行う民間企業が存在しており、そこに発注することでネット世論操作を実行できる。詳細は第3部に譲るが、近年企業の数も増え、市場が広がっている。

ロシアがこうした企業を利用したという事実は確認されていないが、『RT』のアメリカ進出の際に、アメリカの広告代理店に依頼したり、アメリカのSNSプラットフォームに広告を出稿したりしているくらいなので、アメリカのネット世論操作代行企業に依頼している可能性はないとはいえない。

第2章　ネット世論操作の手法

アメリカ上院で暴かれたロシアによるSNSでの世論操作

106ページのチャートにあったように、ネット世論操作にはさまざまな手法が存在する。本項では、ひとつずつ紹介する。

ロシアのネット世論操作の手法について、もっとも網羅的な資料のひとつは2018年12月に、アメリカ上院情報活動特別委員会に提出された2つのレポートである。この2つをもとに適宜、他の情報を加えてゆく。

アメリカ上院情報活動特別委員会は2018年、フェイスブック、インスタグラム、ツイッターおよびグーグル関連会社から提供されたデータをサイバーセキュリティ企業「New Knowledge」社（現Yonder社）と、オクスフォード大学のネット世論操作プロジェクト「The Computational Propaganda Project」の2つの組織に分析を依頼し、同年12月にその結果のレポートを受け取った。なお、公式には上院情報活動特別委員会の対象にはなっていなかったが、New Knowledge社はReddit、Tumblr、Pinterestも分析対象とした。

これまで、フェイクニュースやネット世論操作の分析は何度も行われてきたが、このレポートでは主要SNSプラットフォーム企業がデータを提供したことから従来よりも広範かつ緻密な分析結果となった。

ロシアのネット世論操作の対象は、政府・政党・投票者に限定されるものではなく、自治体や民間企業にも及んでいた。New Knowledge社のレポートの大半はロシアのネット世論操作戦術を個別に紹介するものであり、オクスフォード大学のレポートは統計的にSNSプラットフォームがどのようにどれくらいの規模で利用されたかを解析している。これらをなぞれば同じことを第三者が行うことも可能なほどに詳しい。

【デジタル・マーケティング】

ロシアのネット世論操作機関であるIRAは、いわゆるマイクロターゲティング広告を利用していた。特筆すべきは、複数のプラットフォームにまたがって（クロスプラットフォーム）作戦で、「メディア・ミラージュ」（130ページで詳解）と呼ばれる方法が効果的に使われていた。複数のメディアで繰り返し露出することで、ターゲットにそれが信頼できるものであるかのように錯覚させる手法だ。これには3つの長所がある。

・プラットフォームを横断してターゲットにリーチできる。
・複数のプラットフォームやWebを横断的に使って、同じ偽の組織や人格を見せることで、その存在の信憑性や信頼感を高めることができる。

・複数のプラットフォームにまたがって存在することで影響力を高められる。ひとつのプラットフォームのアカウントが停止されても、他のプラットフォームのアカウントで「言論の自由の侵害だ！」「検閲行為だ！」などのクレームをつけることができる。

また、プラットフォームごとに、異なるアプローチとスコープを適用していた。たとえばツイッターでは複数の言語で活動していたが、フェイスブックは英語のみといった形で分けていた。ツイッターでは、少なくとも57％がロシア語、36％が英語、残りはその他の言語が使われていた。

主たるターゲットは、黒人・右派（保守）・左派（リベラル）だった。オクスフォード大学のレポートでは、これらに加えてＬＧＢＴ（左にグルーピングされている）やメキシコ系アメリカ人、イスラム系アメリカ人などを挙げている。中でも特に黒人に注力していた。

逆に言うと、ごく一般的な政治的に穏健な白人は対象としていなかった。

【リクルーティング】

ＩＲＡのリクルーティング活動も広範に行われていた。ＩＲＡのために働くように黒人・右派・左派にアプローチしていた。特に黒人に対するアプローチが多い。

黒人教会の聖職者へのコンタクト、セックス依存症の無料カウンセリング、ビラ配りのボランティア、自衛クラスのボランティア、無料の自衛クラス、政治集会への参加などなど、コンタクトの入り口を設けていたことがわかっている。

こうした入り口で、個人の弱みにつけ込むのは、昔からある諜報活動の基本と同じだ。セックス関連など恥ずかしいことや金銭面で困っている人のためのホットラインを作り、そこで得た情報をもとに脅迫し、協力させるのだ。

IRAの活動の暴露が進み、広告を出しにくくなるにつれ、協力者のリクルーティングは増える。これらを事前に検知して防ぐのは難しい。

【クロスプラットフォームでのブランド確立】

IRAはネットマーケティングエージェンシーのように活動している。ブランドを作り、すべてのSNSプラットフォームでプレゼンスを出し、広告やインフルエンサーを利用し、ユーザーにリンクをシェアさせている。

また、メディア・ミラージュ（130ページで詳解）と呼ばれる、ターゲットとなる聴衆を集中的に囲い込むためのエコシステムを構築している。

レポートでは、彼らの活動をネットマーケティングの「ベストプラクティス」と呼び、黒人人権活動などの実例を挙げて、どのようにクロスプラットフォームでのブランド確立を行ったかを例示している。

【対象とするグループごとにメッセージを調整】

インスタグラムとフェイスブックには3000以上のシリアに関する投稿があり、それらは2015年の2月から始まっており、ターゲットごとに異なる論調での投稿を行っていた。

たとえば、インスタグラムのあるアカウントでは、母親と子供といった人間的な側面にフォーカスする投稿を行っていた。別のアカウントでは、アメリカの空爆で苦しんでいる様子を投稿していた。

黒人向けには、シリアの国内問題なのだからアメリカは干渉をやめるべきなどといった論調の投稿を展開していた。

右向き、左向きなど、ターゲットの志向に合わせて、それぞれ違う論調の投稿をしていたのである。

【反復と拡散】

同じ話を表現や強調点を変えて、メディア・ミラージュで広げることにより、それが信憑性のあること、あるいは他の多くの人々が考えていることと錯覚させようとしていた。

【相互に拡散】

前掲アメリカ国務省GECのレポートによると、プロキシは相互で拡散し合っていた。New Knowledge社のレポートでもクロスプラットフォームでの相互拡散が確認されており、相互の拡散は基本のようだ。

【メディア・ミラージュ】

ここで、何度も登場した「メディア・ミラージュ」について詳しく説明しておこう。「メディア・ミラージュ」とは、ひとつの偽のサイトを作り、さまざまなSNS（フェイスブック、インスタグラムなど）にまたがって複数のアカウントで拡散し、いかにも信頼の置けるサイトのように錯覚させる手法である。このメディア・ミラージュにおいては、各SNSプラットフォームでの拡散や広告出稿以外には次のような2つの手法が使われていた。

・偽サイトをプロモートするための複数のアカウントを使ってフォロワーを一斉に増やす。どれかひとつをフォローしている利用者は他のアカウントもフォローするようになり、繰り返し彼らのメッセージに晒される。

・すでに存在している信頼できる黒人文化のページを、IRAが作ったサイトで紹介すると、そのお返しに彼らが紹介してくれることがあるので信頼性が上がる。

【偽ニュースサイト、ジャーナリスト】

IRAは、「存在しない地方紙」のインスタグラムやツイッターアカウントもでっち上げていた。ツイッターでは、「存在しない地方紙」のアカウントが推定109もあり、44がアメリカにフォーカスしたもので、66万のフォロワー、平均1万5000フォロワーがいた。毎日、ローカルニュースをツイートしていた。その理由はアメリカ人が地方紙により信頼を置く傾向があるためと考えられている。

ターゲットはアメリカだけではない。109のうち58のニュース関連ツイッターアカウントは、ロシアのプロパガンダメディア関連のもので、ロシアのニュースをリツイートしていた。フォロワーの多いアカウントは10万以上いた。活動内容からIRAの当初の使命がロシア国民へのプロパガンダだったことがわかる。

こうした「存在しない地方紙」の信用度を上げるために、既存のメディアの信用を落とす言動を黒人・右派・左派をターゲットとしたアカウントで行っていた。最初に既存のメディアでは取り上げられないことを取り上げ、次に既存のジャーナリズムを批判した。そのためにウィキリークスを褒め称えたりしていた。

【陰謀論の投稿】

IRAは、すべてのSNSプラットフォームで陰謀論を拡散していた。もっとも活発なのはツイッターである。疑似科学、怪奇現象、宇宙人、反グローバリズム、反ユダヤ、国内政治に関する陰謀論などを含む陰謀論を右寄りツイッターアカウントで拡散していた。

黒人をターゲットとした歴史的な陰謀論、文化的なデマも多い。モーツァルトは黒人だった、シェイクスピアは黒人だった、自由の女神は黒人だったといったデマを繰り返し流していた。

【ミーム】

プロパガンダツールとして「ミーム」（インターネットを通じて拡散していく画像や決まり文句などのこと）を多用していた。ミームは、簡単にシェアでき、書き換えられ、仲間内っぽい文化的記号にできる利点がある。また文章を読むことなく、最小限の努力でメッセージを伝えることができるのも便利だ。

ＩＲＡはミームを研究し、ターゲットごとに最適のミームを使用していた。フェイスブックでは6万7000のミームのページが確認され、10万以上のインスタグラムミームが確認された。ＩＲＡはミームの再利用も積極的に行っていた。

さまざまなミームが効果的に用いられており、レポートではページを割いて紹介していた。おそらくアメリカ人ならいくつかを見たことがあるのだろう。
ロシアのネット世論操作のことを論じる時に、それが選挙にどれくらい影響を与えたかがテーマになる。しかし、その検証は難しい。ただ、ミームがどれだけ拡散し、影響を与えたかはわかる。アメリカ人のネットの投稿に「IRA製の」ミームが影響を与え、広範に拡散していたことが確認されている。

【ニュースや検証を否定、笑う】

選挙後、メディアがロシアの干渉を指摘し始めると、右寄りアカウントで報道や捜査をリベラルのバカバカしい陰謀論として嘲笑し、信じないように仕向けようとしていた。

【分断、独立】

文字通り地域の分断、独立の種を蒔いている。イギリスのEU脱退の後に、同じようにテキサスも独立すべきという主張もあった。他にカリフォルニア独立というのもあった。

地域の文化的な差異を際立たせ、暴動を煽ろうとするのである。

【動画の活用】

近年、動画の利用が増加しており、YouTubeがその主戦場となっている。動画が頻繁に使用されるようになったのは、ISISなどのテロリストグループが、戦闘や処刑などの動画をあげ、多くのアクセスを得て、リクルーティングなどに成功して以来である。

【ディープフェイク】

簡単にAIを用いてフェイクの動画を作られるようになったため増加している。実在の政治家など影響力のある人物のフェイク動画が今後増えていくと思われる。

【ファクトチェックを装う】

第2部第1章で紹介したように、ファクトチェックを装ったフェイクニュースもよく使用される。

そもそもロシアのプロパガンダメディアである『RT』は、「より知りたい視聴者のために」と謳っているし、陰謀論も「彼らなりの真実」を伝えようとしている。

誰がどのように真実を裁定するのか、という問題については政府もファクトチェック組織も明確な答えを持っていないのだ。原則として、国民が最終的な「真実の裁定者」であるべきという点ではほぼ一致しているが、その国民の負託を受けた政治家の発言はファクトチェックの主たる対象のひとつであるので、「真実の裁定者」問題の根は深い。その答えが出ていない限り、ファクトチェックを装うのは容易だ。

【非存在炎上】

実際にはなかった投稿について批判したり、拡散していないのに拡散していて問題だと騒いだりすることで、ネット世論操作を行う。くわえて日本の大手メディアでは検証も取材もなしで記事として公開することがある。ネットで見つけた話題を、さも炎上あるいはバズっているかのように扱い、その批判を煽るような記事を書く新手のイエロージャーナリズムは、ウェブニュースの世界を侵食し続けており、フェイクニュースと大手メディアのニュースの境域は曖昧《あいまい》になりつつある。

【アカウントの使い回し】

過去に別の作戦で使用したアカウントの使い回しもよく行われている。そのため、突然プロフィールが変わったり、使用している言語が変わったりする。

【SNSへの広告出稿】

デジタル・マーケティングの一環として、ターゲットを絞った広告を出稿する。

【パーセプションハッキング】

ネット世論操作への恐怖心と警戒心を煽り、実態以上の影響力があると思わせることで、疑心暗鬼にさせ混乱させる。ファクトチェックや報道によって、もたらされることもある。

サイバー攻撃と連動したGhostwriter作戦

ロシアのネット世論操作は、大規模かつ統合的な作戦を実行できるようになっているが、新しい攻撃手法が開発され、攻撃実施までの期間も短縮されているようだ。

サイバー攻撃と連動した作戦は、2016年のアメリカ大統領選の時から用いられた手法だが、最近の「Ghostwriter作戦」をご紹介する。

Ghostwriter作戦は、「Cyber-enabled disinformation campaign」と呼ばれる攻撃手法だ。サイバー攻撃によって相手国のメディアや政府のサイトを改竄して、そこから捏造した情報を発信するのである。2020年4月22日に、ポーランドにある「WSA（Polish War Studies Academy）」を含む複数のサイトが改竄され、「ポーランドを占拠しているアメリカに戦いを挑め！」というポーランドの将軍のレターが掲載され、さらにポーランドの関係者にレターへのコメントを要請するメールが送りつけられた。

Ghostwriter作戦を暴いた『FireEye』のレポートによると、２０１７年3月から全体で14回攻撃は行われ、対象はポーランド、リトアニア、ラトビアだった。ロシア連邦軍参謀本部情報総局（ＧＲＵ）の関与が疑われている。政府のサイトやメディアのページが捏造情報の発信源となり、関係機関のサイトもそれに合わせて改竄されていたら、一般市民は確認しようがない。

ハッキングとネット世論操作を組み合わせる手法は、珍しいものではない。たとえば２０１７年5月25日にカナダのトロント大学の「CITIZEN LAB」が暴露したロシアの改竄リーク作戦があった。断定できるまでの証拠はないとしながらも、ロシア政府が39か国、２００以上の政府関係者や企業経営者・ジャーナリストなどに対してマルウェアを感染させ、盗み出した情報を都合のいいように改竄したのちにリークして公開した可能性が高いとしている。かなり広範に実施された作戦だった。

注目すべきは手法がより多彩になり、その情報を拡散するツールも強力化した結果、より迅速かつ効果的に作戦を開始できるようになっていることだろう。

外部との連携

ここまでは主としてロシア自身が行うことだったが、さらにロシア外部との連携がある。大きなものは他の国との連携と、海外のコミュニティとの連携である。また、ネット世論操作は世界中で日常化し、情報のエコシステムの中に組み込まれている。そのため著名人やインフルエンサーのコンテンツがさまざまなネットコミュニティで共有され、加工、再生産されるように、ネット世論操作で生み出されたコンテンツも一部のネットコミュニティで共有され、加工、再生産されている。アクセスが増えればアドネットワークから収益が得られ、ファンが増えればクラウドファンディングでの資金調達も可能となる。

【他国との連携】

ロシア・中国・イランは、いずれもBLM運動におけるアメリカの対応について批判を繰り広げている。それぞれの国の政治家、プロパガンダ媒体、SNSをフルに活用して拡散している。しかも、互いの発言を引用して発言するなど、国家を超えた連携を行っていることがGRAPHIKA社、大西洋評議会「デジタル・フォレンジック・リサーチラボ」、『ニューヨーク・タイムズ』などによってレポートされた。日本語では、黒井文太郎の『中国、ロシア、イランが米国批判の情報戦で連携プレー』（JBプレス・2020年6月11日）が詳しい。

ロシア、中国、イランの連携において、それぞれの目的や共有されているテーマについて、2020年5月に「ASD（Alliance for Securing Democracy）」が整理した記事を掲載している。コロナ禍によって、3か国の連携は増えたようだ。要点をチャートにした。なお、記事では、取り込むのはアメリカだけだったが、最近の展開を考慮してヨーロッパを付け加えた。

各国の狙いには共通している点と、異なっている点がある。たとえば、中国は経済的目標にも基づいて活動している点はロシアやイランと異なるが、アメリカやヨーロッパ国内の同調者を取り込もうとしている点は他の2国と共通しているというのがポイントだ。

ロシアのターゲットは、具体的なコミュニティで言うと、ＱＡｎｏｎやオルトライト、プラウドボーイズのような勢力を増している集団である。前章で見たように、このロシアの狙いは今のところうまくいっているようだ。

我々は、ロシアのフェイクを見聞きした時、「またあり得ないことを言っている」、「すごく偏った過激な意見だな」と思いがちだ。ファクトチェックやリテラシーは、その認識を裏付けてくれる。

しかし、だからといって効果がないわけではない。ロシア、中国、イランの主張をまともに受け取らないのは、彼らのターゲットではないからなのだ。ターゲットの中の一部には、あの荒唐無稽にも思える主張が「刺さる」のである。そもそもネット世論操作は、感情やアイデンティティに訴えるものなので、リテラシーがないから引っかかる、ファクトチェックの知識がないから騙されるという考え方は、問題の一面しかとらえていない。

ＡＳＤの分析では、ロシアやイランに比べると、中国の狙いには政治色が薄いとされているが、筆者は、「アメリカの顔をした中国企業」の増加も狙いのひとつで、そこには政

ロシア、中国、イランの連携

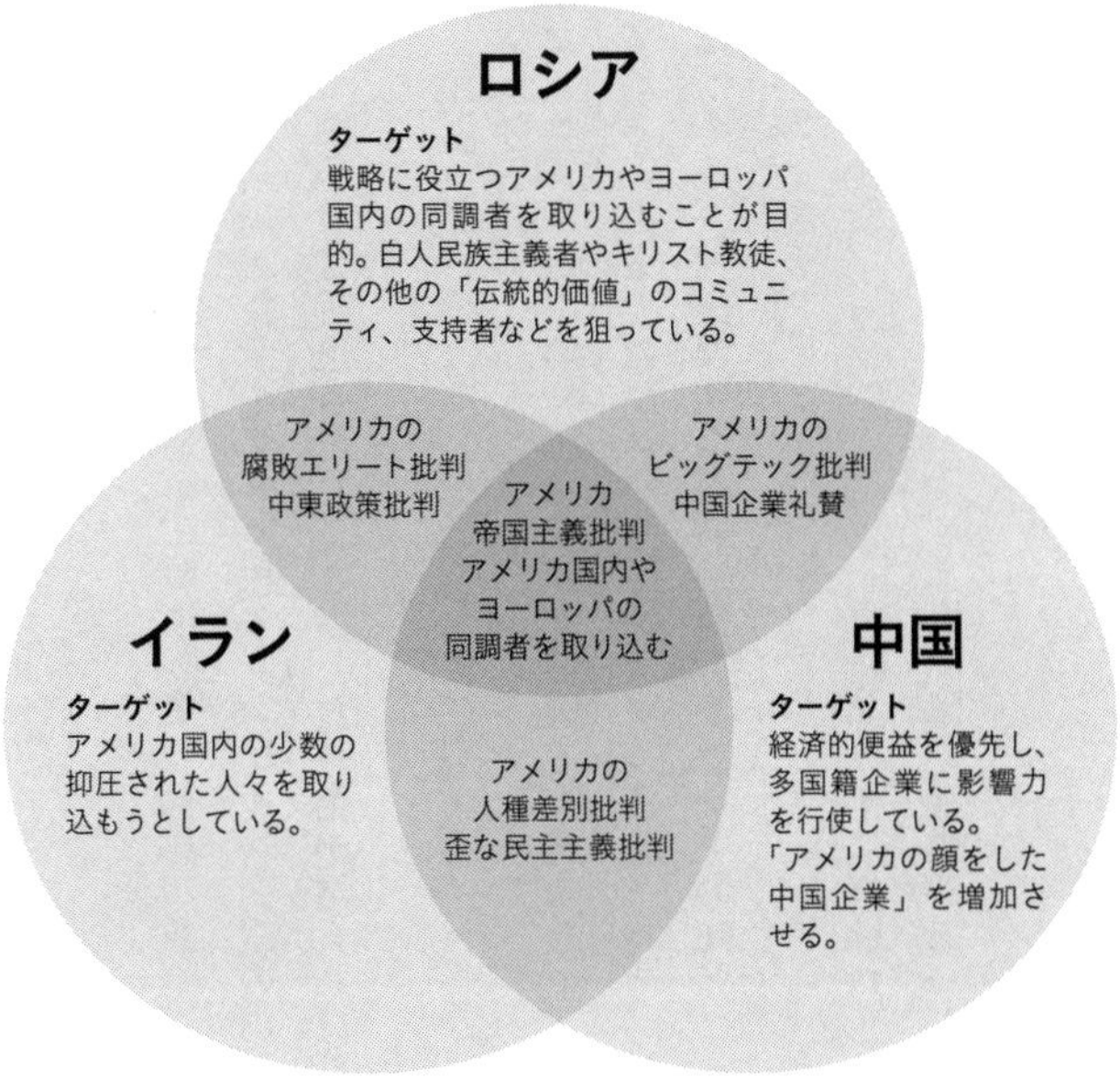
ロシア
ターゲット
戦略に役立つアメリカやヨーロッパ国内の同調者を取り込むことが目的。白人民族主義者やキリスト教徒、その他の「伝統的価値」のコミュニティ、支持者などを狙っている。
アメリカの
腐敗エリート批判
中東政策批判
アメリカの
ビッグテック批判
中国企業礼賛
アメリカ
帝国主義批判
アメリカ国内や
ヨーロッパの
同調者を取り込む
イラン
ターゲット
アメリカ国内の少数の抑圧された人々を取り込もうとしている。
中国
ターゲット
経済的便益を優先し、多国籍企業に影響力を行使している。
「アメリカの顔をした中国企業」を増加させる。
アメリカの
人種差別批判
歪な民主主義批判

治的な利用もあり得ると考えている。「アメリカの顔をした中国企業」とは、以前のZoomのような企業である。

以前のZoomは、幹部を含め中国系の社員が多く、中国国内に開発拠点があった。そして、中国当局の指示でZoomのオンライン会議の内容を盗聴、検閲していた。その後、露見して関係者は訴追された。こうした企業が増えれば目に見えない形で中国の影響力は増す。

また、ロシアは中国やイラン以外の国とも連携してネット世論操作を仕掛けることがわかっている。たとえば、スペインのカタルーニャ地方の独立を煽るネット世論操作を行った際は、ネット世論操作に使われたアカウントの30%はベネズエラからだったことをスペインの外務大臣が明らかにしている。

シリア大統領、バッシャール・アル＝アサドを批判した西側の外交専門家を攻撃した作戦では、ロシア・イラン・シリア電子軍の連携があった可能性が高いと米ランド研究所は指摘している。

【海外のコミュニティとの連携】

前述したように、ロシアはアメリカやヨーロッパなどの特殊なコミュニティと連携している。少なくともウクライナ、アメリカ、オーストラリア、ニュージーランド、フランス、ドイツ、スペイン、スイス、チェコで確認されており、日本にも飛び火していたので実際にはもっと多く、世界規模のネットワークができていると考えたほうがよいだろう。

こうしたコミュニティの中には、アドネットワークやクラウドファンディングで資金を得て、リアルでの活動も拡大し、民兵活動を行っている集団もある。2021年1月にアメリカで起きた議事堂襲撃事件のような暴動が、再び起こる可能性は少なくない。また、同種の事件がヨーロッパや日本で起きないとは言えない。ロシアと連携するコミュニティの武装化は進んでいる。

【アドネットワークの活用】

アドネットワークはロシアと連携するコミュニティに資金を提供し、彼らの広告をファクトチェックサイトに掲載するなど効果的なPR活動手段を提供している。

ロシアのネット世論操作作戦からの広告を扱うこともあり、直接、間接的にロシアのネット世論操作を支える基盤のひとつとなっている。

グーグルはこうしたコミュニティの広告出稿を放置し、間接的に彼らの活動を「支援」していたことは76ページでも指摘した通りだ。そして、グーグルのような企業が、広告料金として間接的にでもこうした集団に資金を提供することが、問題のあるサイトを増殖させ、ウクライナ危機での分断を生む要因になっていることは否定しようがない事実だ。最近、陰謀論者や差別主義者が一斉にロシア擁護に向かった原因のひとつとも言えるだろう。注目度が上がる＝広告収入が増えるという図式があるためだ。

【偽情報サイトを支えるグーグルからの広告収入】

76ページで参考にした「GDI（Global Disinformation Index）」社のレポートから、さらに興味深いレポートをご紹介しよう。

選挙における情報操作の4類型

類型	利用するテーマ
PEOPLE	宗教や社会的分断 社会不安 性の問題 移民問題 人種問題
PROCESSES	コロナに関する問題 投票者の不正行為 投票資格に関する問題 投票用紙の改竄 投票者の弾圧
INSTITUTION	候補者に関する陰謀論 グローバル・エリート（日本で言うと上級国民） ディープステート QAnon 汚職
OUTSIDE INFLUENCE	民主主義の崩壊 コロナ起源 ロシアの干渉 中国の干渉

選挙における情報操作が集中した519のサイトを解析した結果、上記の4つの類型に分けることができたとしている。大まかな内容は上の表の通りだ。

そして、GDIのレポートは、これらの類型に応じて、選挙に関する問題となる情報を流していた5つのサイトを特定している。アメリカに拠点を置く『Breitbart』、『The Western Journal』、『The Epoch Times』と、ロシアのプロパガンダメディアである『RT』と『スプートニク』だ。報告書には書かれていないが、『The Epoch Times』は、中国で弾圧されていると主張し、反共的な活動を行っている新興宗教「法輪功」のメディアである。

『Breitbart』は、アメリカでトップ50に入るほどの人気サイトで、『The Western Journal』も上位140位に入る存在だ。5つのサイトを合計すると、平均月間訪問者数は1億1500万人を超える。

519のサイトのうち、200サイトがアドネットワークから広告の配信を受けていた。その内、もっとも多かったのは、グーグル（77%）で、2位のアマゾンを大きく引き離している。

これら200のサイトは、金額ベースでは毎月100万ドル（約1億3000万円）以上の広告収入を得ている。そして、金額ベースで71%がグーグルから入っている。これだけの資金が陰謀論や人種差別のグループに継続的に流れていることは社会を不安定にする要因になるだろう。

ロシアの非対称ネット戦略

ロシアのサイバー空間での活動を考える上で、外せないのが「閉鎖ネット戦略」だ。ニュースなどではインターネット遮断と言われているが、実態はそこまで単純なものではない。

サイバー空間における今後の脅威についてまとめたNATOのサイバー防衛協力センター（Cooperative Cyber Defence Centre of Excellence = CCDCOE）の資料「Cyber Threats and NATO 2030: Horizon Scanning and Analysis」では、ロシアが2024年に自国のサイバー空間をインターネットから切り離し、閉鎖ネット化することが今後安全保障上の脅威になると指摘されている。

レポートの第1部の最初の章をロシアの国家単位の非対称戦略にあてている。タイトルは「The Russian National Segment of the Internet as a Source of Structural Cyber Asymmetry」で、はっきりとロシアが構築している閉鎖ネットはインターネットを非対称にすると書いである。「非対称」というのは、「攻撃と防御に要する能力やコストが同じではない」ということを指す。サイバー空間においては、攻撃者が絶対有利と言われているが、これは攻撃のために必要なリソースに比べて防御のために必要なリソースのほうがはるかに大きい＝非対称であることを指している。ロシアは、自国のネットワークを外部と遮断することによって、非対称＝有利に攻撃を行える基盤を作ろうとしているのだ。サイバー攻撃だけでなく、ネット世論操作、情報戦でも有利になる。巨大な検閲システムである中国のグレートファイアウォールがよい例だ。ネット世論操作の基本である国内の統制を実現し、海外から入ってくる情報も検閲できる。

このレポートでは、閉鎖ネットに移行することによって、戦略レベルの優位を得ることになり、サイバー戦のあり方そのものを変える可能性もあるとしている。

ロシアが閉鎖ネット化に成功すれば、他にも追随する国が現れ、インターネットは国家ごとに区切られるようになるだろう。すでに中国のグレートファイアウォールを導入しようとしている国も存在する。

そして、レポートでは閉鎖ネットについて、4つの特徴を挙げている。

・国内においては通常通り、さまざまな活動についてはネットを通じて行うことができる。
・閉鎖ネットはロシア国内で閉じられており、国家管理の下にインターネットおよび他のネットワークが運用され、ロシアの政治、行政、司法が含まれる。
・閉鎖ネットはロシアの戦略文化を反映した統合情報空間（edinnoe informatsionnoe prostranstvo）である。
・システムオブシステム（system-of-systems）は国家を守り、攻撃力の源泉となる。

これらの根底には「サイバー主権」という考え方がある。この考え方は、アメリカのインターネット支配に対抗して2000年代初頭に生まれた。その後2014年になって、明確にサイバー空間における主権を意識するようになった。その背景には、西側のカラー革命、中国のグレートファイアウォール、サイバー空間の脅威などさまざまな要因が影響していた。国家をインターネットから切り離し、閉鎖し、その中で垂直および水平に統合された、国家が統制管理するネットワークを作るのだ。

2015年から2020年にかけて、ロシアは閉鎖ネットのための関連法規やシステムの開発を行ってきた。サイバーインシデント管理システム＝GosSOPKA、ネットワーク監視&管理集中システム（TsMUSSOP）、連邦政府情報管理システム（Upravlenie）などはその成果である。しかし、石油価格の下落とコロナによって、現在、計画は2030年まで延期されている。

前述のようにサイバー空間では、攻撃者絶対有利という非対称性が存在するが、閉鎖ネットはさらなる構造的な非対称的優位性をもたらす。閉鎖ネットの国が攻撃を受ける可能性のある領域を最小限に抑え、多層防御を構築し、ネットワークを一元的に制御できる一方で、自由で開かれたネットワークの国のさまざまなセクターに対しては、あらゆる種類の攻撃を行うことができる。

ロシアのシステムオブシステムは、次に挙げる7つのサブシステムから構成されており、これらについて「自由で開かれた」西側のインターネットを比較するとすべての項目で構造的な優位性が認められた。

1．国家の科学産業基盤、科学技術への投資と国有化

2. 認証と暗号化
3. ブラックリストとコンテンツ規制
4. 監視とデータ保持
5. 重要情報インフラ
6. アクティブ対抗手段
7. 管理、監視、制御、フィードバック

ただし、閉鎖ネットの優位性が目立つ形となっていても、実際には必ずそうなるとは限らない。閉鎖ネットの有効性は国家の予算や体制などによって大きく異なってくることには注意が必要だ。また、構造的な非対称性の効果は明らかであるが、その効果のメカニズムや成果は明確ではない。

注意すべき点は、ロシアの閉鎖ネットは単なるインターネット遮断スイッチではないということだ。効果的に利用できれば、テロや内乱、革命・局地戦から核戦争までのあらゆる種類の脅威に対応できる。また、さらにいくつかのセグメントに分けて管理することも可能だ。状況によって特定のセグメントを切り離したり、再統合したりすることもできる。よいことばかりのように聞こえるが、その一方で予期しない反応を導く可能性も指摘されている。サイバー攻撃の有効性が下がった場合、相手が従来型の戦闘行為に及ぶ可能性も否定できない。閉鎖ネットの外部のリソースが必要な場合、どのような手段を取るかによって新しい戦闘が発生するだろう。

また、このロシアのアプローチは少なからず西側の国々でも採用されつつある。そのため多くの国が閉鎖ネット化を進めた場合のサイバー空間での戦いもこれまでとは異なる。閉鎖ネット化は権威主義的アプローチだが、その優位性が明らかな以上、民主主義国でも同じアプローチを採用する可能性も低くないだろう。（初出　一田和樹ｎｏｔｅ、２０２１年５月14日、改稿）

ロシアでネット世論操作を担当する組織

こうしたロシアのネット世論操作を実行している部隊は、主として国防省・ロシア連邦軍にある情報作戦部隊と参謀本部情報総局（ＧＲＵ）、連邦保安庁（ＦＳＢ）、対外情報庁

（SVR）と考えられている。本書の中でも何度か名前が出てきている。

大まかな役割分担としては、FSBがロシア国内（CIS諸国を含む）の監視、分析、対応を行い、SVRは国外を対象とした活動、GRUは軍事に焦点を当てた活動となるようだ。アメリカでいう連邦捜査局（FBI）に当たるのがFSB、中央情報局（CIA）に当たるのがSVR、国家安全保障局（NSA）に当たるのがGRUといった感じだろうか。

ただし、アメリカにおいてFBI、CIA、NSAの領域が重なることがあるように、ロシアにおいてもその境界は明確ではないようだ。

ネット世論操作を行っているIRAは、ロシアのオリガルヒ、プリゴジンのコンコルドグループ傘下の企業である。2016年アメリカ大統領選では、GRUとFSB、IRAが関与したとしてアメリカ当局に訴追されている。

第3部

世界の情報空間の変容

ビッグテック企業という無自覚な権力者

インターネットとSNSの普及によって、世界の情報空間は大きく変化している。本書で取り上げているネット世論操作はそのひとつに過ぎない。

目には見えないが、我々の世界の構造はすでに変化しており、政治学者のイアン・ブレマーはSNSプラットフォーム企業を、国家と並ぶ地政学的なアクターとして扱うべきであると提言した。グーグルやフェイスブックは、もはや国家並みの影響力を持つまでに成長した。

しかし、イアン・ブレマーはその提言の中で、こうも言っている。SNSプラットフォーム企業は、その巨大な影響力に見合う社会的責任を果たしていないし、果たすつもりがない。そもそもそんな自覚がない、というのだ。

世界の情報空間は、主権国家と無自覚なビッグテック権力者によって大きく揺らいでいる。

30か国96件の「デジタル影響力行使」の分析からわかったこと

２０２０年8月5日（第2版）に公開された、プリンストン大学の「Trends in Online Influence Efforts」は、９２０件以上のメディア報道と３８０件以上の研究論文・報告書をもとに、２０１３年から２０１９年にかけての影響力行使（Influence Efforts）を特定し、30か国を対象とした76件の「外国からの影響力行使」（以下、ＦＩＥ）と、政府が自国民を対象とした20件の「国内からの影響力行使」（以下、ＤＩＥ）に関するデータをまとめたものである。これまでご紹介してきたネット世論操作に関するレポートと多くの点で一致しており、それが数の上でも確認できたことになる。

本書では引用しなかったが、レポートにはグラフや表も多数掲載されており、大変参考になる。また、出典となったメディアのリファレンスは莫大であり、こちらも役に立つ。

既存資料をもとにした網羅的な調査では、オクスフォード大学「Computational propaganda project」の年報が有名だが、そこで指摘されている内容とこの報告書で重なる部分も多く、知見を検証できる。

この報告書で、「影響力行使」とは次のように定義されている。

1. 国家または独裁国家の与党が、国内外の政治の、ひとつまたは複数の特定の側面に影響を与えるために協調してキャンペーンを行う。
2. SNSを含むメディアチャネルを通じて行う。
3. 対象国由来のものと思われるようにデザインされたコンテンツを作成する。

「影響工作」との違いがわかりにくいが、かなり近いものであり、影響工作よりも狭い範囲を指すようだ。レポートには影響力行使に含めなかった例も紹介されており、それを見ると違いがわかりやすい。たとえば、ロシアが中央アジア諸国を標的にしたキャンペーンと、ロシアがセルビアを標的にしたキャンペーンでは前者は「影響力行使」に含まれ、後者は含まれない。おそらくどちらも「影響工作」には含まれる。どちらも、親ロシア、反米、反EUの感情を広めるために、『スプートニク』や『RT』などの記事を拡散していた。前者ではルーマニアやタジキスタンなどの中央アジア諸国で、国が支援するロシアのキャンペーンによって、プロパガンダメディアであるスプートニクなどを、地元のニュースとして拡散するメディアネットワークがあった。後者では、セルビアではここ数年、ロシアの報道機関が急増しており、現地のスプートニク支部やモスクワがスポンサーとなっているテレビチャンネルなどが活動しているが、セルビア人が情報を発信しているという偽装はなかった（定義の3番目に該当しない）。

また、特定の国家とのつながりの裏付けが取れないものも除外されている。

同レポートによれば、「標的となっていた国」として、96件の影響力行使は、49の国が標的となったとされている。76件のFIEのうち、26％がアメリカを対象とし、16％が複数の国を対象とし、9％がイギリス、スペインとドイツがそれぞれ4％、オーストラリア、フランス、オランダ、南アフリカ、ウクライナがそれぞれ3％、アルメニア、オーストリア、ベラルーシ、ブラジル、カナダ、中央アフリカ共和国、フィンランド、イスラエル、イタリア、リビア、リトアニア、マダガスカル、マケドニア、モザンビーク、ポーランド、サウジアラビア、スーダン、スペイン、南アフリカ、サウジアラビア、スウェーデン、台湾、タイ、イエメンがそれぞれ1件ずつ対象となっている。

また、20件のDIEのうち、ロシアが2件、中国が2件、キューバ、エクアドル、ホンジュラス、インドネシア、メキシコ、マルタ、ミャンマー、パキスタン、プエルトリコ、サウジアラビア、タジキスタン、トルコ、ベネズエラ、ベトナム、ジンバブエの市民がそれぞれ1件のDIEの標的となっていた。

また、「影響力行使」における開始のタイミングについては、FIEのうち79%が2015年から2018年の間に開始されていた。一方、DIEの60%が2015年から2018年の間に開始されていた。FIEの攻撃は平均2・7年（標準偏差1・8年）、DIEは平均4・5年（標準偏差2・3年）続くとなっており、DIEのほうが長く、継続期間のばらつきが大きい。

さらに、アクターとしては、民間企業（FIEで45%、DIEで40%）、報道機関（FIEで42%、DIEで40%）、政府（FIEで22%、DIEで80%）、情報機関や軍事機関（FIEで20%、DIEで60%）が多い。後述するようなネット世論操作代行会社への委託が増加している。

未知のアクターが関与するＦＩＥの件数が、２０１８年に約14件とピークに達したが、未知のアクターが含まれるＤＩＥはなかった。ＦＩＥが関わるアクターのシェアは、２０１５年以降はかなり安定しているが、２０１９年は企業や政府の関与が増加した。一方、企業が関与するＤＩＥのシェアは大幅に減少しており、政府自身が関与するＤＩＥのシェアは２０１７年には約75％まで増加している。

影響力行使は幅広い戦略を採用しており、時系列での明確な傾向はなかった。もっともよく使われている戦略は「説得（persuasion）」で、一般市民を誘導する。ＦＩＥの74％、ＤＩＥの１００％で使用されていた。人や組織の評判を落とそうとする＝誹謗中傷（Defamation）は、ＦＩＥの72％、ＤＩＥの96％が使用していた。

ＦＩＥとＤＩＥの多くが増幅（amplify）、創造（create）、歪曲（distort）という３つのアプローチをひとつのキャンペーンに採用していた。

ＳＮＳも重要な要素だ。特に、ＦＩＥでは、ツイッターとフェイスブックの２つが、もっともよく使われるプラットフォームである。ＤＩＥでは、フェイスブック、ツイッター、インスタグラム、その他のプラットフォームが一般的である。

ツイッターは、FIEの86%、DIEの75%で利用されており、フェイスブックはFIEの70%、DIEの79%となっている。次に多いのは、FIEのニュース・アウトレット（55%）、DIEのインスタグラム（45%）となっている。これらのSNSの特徴が、地元由来の政治活動を装ったプロパガンダを発信するのに適したプラットフォームであることを示している。その一方で、フェイスブックとツイッターは積極的にテイクダウン（アカウントを停止させること）の結果を公開していることで、より多くなっている可能性もある。

複数の戦略のコンビネーションもよく用いられる。誹謗中傷と説得（FIEの70%、DIEの100%）がもっともよく使われるコンビネーションであり、続いて制度の弱体化、政治的アジェンダの転換（FIEの37%、DIEの50%）となっている。同様に、荒らしとボット（FIEの88%、DIEの85%）、フェイクアカウント（FIEの88%、DIEの79%）、ハッシュタグのハイジャック（FIEの86%、DIE1の80%）も一般的に併用されている。

ツイッター、フェイスブック、インスタグラムと、電子メールはほとんどの場合、コンビネーションで使われていた。

ロシアはこれまでFIEをもっとも使用してきた国である。2017年のピーク時には、ロシアは世界各地で34の異なるキャンペーンを行っていたと推定される。

新しい影響力行使の開始は、2017年にピークを迎え、18件の新しいFIEと6件の新しいDIEが行われた。これらのキャンペーンのうち11件はロシアからのもので、中国、イラン、サウジアラビア、不明の攻撃者がそれぞれ2件ずつだった。中国、エジプト、イラン、サウジアラビア、アラブ首長国連邦、ベネズエラは、調査期間中にそれぞれFIEを開始した。DIEについては、ロシアと中国がそれぞれ2件、その他の国がそれぞれ1件実施していた。

中国とロシアはいずれも国営の大規模なメディア組織を持ち、国外でプロパガンダを流し、自国民に対しても影響力行使を行っている。

特筆すべきはロシアで、世界の影響力行使のトップランナーと言える。ロシアは、アメリカで13件、イギリスで4件、共通の政治的目標を持つ複数の国に対して同時に3件、オーストラリア、ドイツ、オランダ、南アフリカ、ウクライナに対してそれぞれ2件のＦＩＥ、そしてアルメニア、オーストリア、ベラルーシ、ブラジル、カナダ、中央アフリカ共和国、フィンランド、フランス、イタリア、リビア、リトアニア、マケドニア、マダガスカル、モザンビーク、ポーランド、スウェーデン、スペイン、スーダン、タイ、シリアでそれぞれ1件のＦＩＥを実施している。ロシアは2つのＤＩＥを行ったが、その目的は政治的反対勢力の抑圧にある。

そして、ロシアの影響力行使には5つの目的がある。

1：信用の失墜、攻撃（Discredit and attack）

アメリカ政府機関やトランプに対する保守的な批判、アメリカ大統領選挙（2016年）と中間選挙（2018年）で民主党、2017年フランス選挙におけるエマニュエル・マクロン、2016年アメリカ大統領選挙におけるヒラリー・クリントン、シリア内戦におけるホワイトヘルメット、Brexit時の英首相テレサ・メイ、世界各地でのアメリカの軍事活動、スーダンでの反政府デモ、国内の政治的野党などが標的となった。

２：分断化（Polarize）

アメリカの政治（ＢＬＭ運動とWhite Lives Matter対抗運動を同時に支援するなど）、オーストラリアの政治、ブラジルの政治、カナダの政治、南アフリカの政治への干渉。

３：支持（Support）

米国におけるオルトライト運動、ドイツ連邦議会選挙（２０１７年）における「ＡｆＤ（Alternative for Germany）」、Brexitの国民投票、カタルーニャの独立投票、２０１６年米国大統領選挙におけるドナルド・トランプ、トランプによる米国最高裁判事指名、イタリアの五つ星運動（ＭＳ５）と極右政党「同盟（La Lega）」、カリフォルニア州やテキサス州における独立運動、ロシア連邦によるクリミア併合、リビア国民軍とハリファ・ハフタル将軍、南アフリカの２０１９年大統領選挙におけるアフリカ民族会議（ＡＮＣ）党、中央アジアとタイにまたがるロシアの外交政策、中央アフリカ共和国のフォースタン＝アルシャンジュ・トゥアデラ大統領、マダガスカルの２０１８年大統領選挙における親ロシア派候補者、モザンビークの２０１９年大統領選挙におけるフィリペ・ニュシ、モスクワの住宅取り壊し計画などを支持した。

4：弱体化、支持の減少（Undermine and reduce support for）

メルケル首相とその政治的決断、ベラルーシ政府、2017年のオーストリア大統領選挙後のセバスチャン・クルツ氏、オーストラリア政府、バラク・オバマ、ポーランドとウクライナの関係、アルメニアの2017年大統領選挙などが標的となった。

5：その他の政治的目標（Other political goals include）

英国のシリア紛争への参加の批判、ロシアのプロパガンダを見つけ出す人々の信用の失墜、リトアニアとベラルーシの関係に関する認識を歪曲、ブラジルの選挙に影響行使、ロシア支持のプロパガンダ、ドンバス紛争におけるウクライナの行動に対するウクライナおよびヨーロッパでの支持の低下など。2011年前半のルイジアナ州の化学プラントの爆発、エボラ出血熱の発生、アトランタのシラミ殺人事件など幅広いテーマについてフェイクニュースを流し、マケドニアのNATO加盟を阻止し、イギリスのBrexitの緊張を煽ったりしている。

ロシアは政治的干渉を広範な外交政策に利用しており、他国もロシアの活動に学んでいる。

ＭＥＮＡ地域（Middle East & North Africaの略で、中東・北アフリカ地域の国々を指す略称）では、ロシアとイランの両方のトロールが、シリア政府による暴力の責任を曖昧にし、シリア軍に有利なナラティブ（物語）を押し付けると同時に、自分たちのアジェンダを押し付ける活動を行っている。また、イランのトロールは、イスラエル政府とサウジアラビア政府の両方を攻撃している。ラテンアメリカでも、影響力を行使している証拠がいくつか見つかったが、アメリカ、ヨーロッパ、ＭＥＮＡ地域で見られるようなレベルの協調は見られなかった。

このレポートでは新しい動きについても5つ挙げられている。その中でも注目すべきは次の4つの項目だ。

1：マーケティング会社へのアウトソーシングの増加

イスラエルのネット世論操作代行会社「アルキメデス・グループ」は、中央・北アフリカ、ラテンアメリカ、東南アジアの国々を対象に、影響力行使キャンペーンを行い、フェイスブックにネットワークを削除された。残念ながら、アルキメデス・グループは、政府関係者の関与をうまく隠していたため、同社のクライアントにつながる証拠は発見できなかった。

2019年12月には、ツイッターがサウジアラビアのネット世論操作代行会社「Smaat」が運営する8万8000のアカウントを削除した。Smaatのクライアントの一部は同社のウェブサイトで公開されており、コカ・コーラやトヨタなどの企業のほか、サウジアラビア民間防衛総局やその他の政府部門があった。Smaatは、フェイクアカウントやボットを使って、企業クライアントのブランドを宣伝し、ジャーナリストJamal Khashhogiの殺害におけるサウジアラビアの役割を否定し、カタールとイランの政府を攻撃する政治的なコンテンツを拡散していた。

香港での民主化デモを弱体化させるための中国のキャンペーンでは、スパムや商業コンテンツの宣伝も行うボットネットワークが利用され、スペインの選挙への攻撃では、かつてベネズエラの政治を標的にしていたボットが関与していた。

このような請負業者を利用することで、SNSによる世論操作の背後にいる行為者を特定することは難しくなる。また、こうした操作を外部に委託することで、国家は必要な専門知識を身につけることなく政治的干渉を行うことができる。

２０１９年には、国家が現地のコンテンツ制作者を利用しているケースも増えており、影響力を行使する活動の特定を曖昧にするのに役立っている。２０１９年に行われたロシア人アカウントのテイクダウンで、フェイスブックはこのキャンペーンが「マダガスカルとモザンビークの地元の国民がページとグループを管理し、コンテンツを投稿するために本物のアカウントを使った」としている。これは、ロシアのネット監視部隊ＩＲＡが以前に行っていたアプローチとは異なり、ページにある程度の信憑性を持たせていた。今後は、現地のネットワークやアカウント、アウトレットが関与することで、ＦＩＥと本物の言説を見分けるための課題が増える可能性がある。

以前の同様のレポートでは、54件のＦＩＥのうち、複数の対象国に関与していたのは2件だけだったが、今回は新たに確認された23件のＦＩＥのうち9件が、複数の国に同時に影響を与えようとしていた。これらのケースの多くは、各国固有の流通ネットワークと共通のコンテンツを用いていた。たとえば、サウジアラビアの政府関係者やマーケティング企業が関与した広範なキャンペーンでは、カタール、サウジアラビア、ＵＡＥ、バーレーン、エジプト、モロッコ、パレスチナ、レバノン、ヨルダンなどの国々でサウジアラビア寄りの意見を拡散させた。このFIEに関与したツイッターアカウントは、主としてアラビア語と英語で投稿したが、日本語、ロシア語、スペイン語などの言語でも投稿していた。アラブ首長国連邦、中国、ロシアも同様に、複数の国の幅広い視聴者を対象とした自国の宣伝活動を行っていた。ロシアのFIEは、フェイスブックにネットワークを構築し、中央アジアの多くの国で、地元のコンテンツを装って情報を拡散させた。

タイでは、ロシア科学アカデミー東洋学研究所が運営するニュースサイト「NEO(New Eastern Outlook)」の記事を、SNSを利用して拡散させた。NEOは、タイに関する「ニュース」のページを運営しており、タイを拠点にしていると自称するライターもいた。NEOは、複数の偽ジャーナリストを騙《かた》ったコンテンツを公開しており、全員が「クレムリンの党派的な路線」に沿って執筆している。

さらに、特定の国の国内政治に干渉すると同時に、その国を取り巻く地域的または国際的な反応に影響を与えようとしたFIEも数多く存在した。リビア内戦でリビア国民軍(LNA)とハリファ・ハフタル将軍を支援しようとしたケースはその代表例である。サウジアラビア、アラブ首長国連邦、エジプトは、リビア国民を装ったツイッターアカウントネットワークと連携し、リビア人がLNAを支持しているかのような印象を与えるコンテンツを発信した。同時に、中東の国営メディアや現地アカウントは、ハフタル派のストーリーやハッシュタグを地域全体に広めた。また、アラブ首長国連邦を発信源とするツイッターアカウントが、フランス語や英語で同様のメッセージを海外に広めた。このように複数の国が連携して影響力を行使することは、2019年以前には珍しかったことだ。

リビアに焦点を当てたFIEは、攻撃がどの程度相互に関連しているかという重要な問題も提起した。最近の数多くの出来事において、研究者たちは、緊密に連携した複数の国を拠点としたキャンペーンを発見したが、協調していることを示す直接的な証拠は見つからなかった。2019年8月、フェイスブックは、エジプトのネット世論操作代行会社「New Waves」とアラブ首長国連邦の「Newave」に関連するアカウントのネットワークを削除した。この2社は、エジプトとアラブ首長国連邦の外交政策を支持するコンテンツを中東と北アフリカの国々に向けて発信していた。『New York Times』などは、2019年にスーダンで行われた民主化デモを弱体化させる動きなど、いくつかの出来事についてこれらの企業が「協調している」と報じていたが、具体的な証拠は示していなかった。その2か月後、フェイスブックは企業のアカウントを追加削除し、『BuzzFeed News』に対し、ネットワークは「高度に同期していた」と述べたが、ここでも協調的な活動の明確な証拠はなかった。
　こうした傾向により、広範なキャンペーンの中で、明確なＦＩＥを特定することはやや困難になってきている。

　また、２０１９年以降特有の地理的な傾向もある。たとえばアフリカだ。２０１９年に新たに記録されたＦＩＥの半数近くが、アフリカ諸国または北アフリカを含む地域グループを対象としていたのだ。前回の報告書ではアフリカの事例は１件のみだったので大幅に増えたと言える。これら２０１９年のイベントのほとんどはロシアからのもので、ロシアのオリガルヒであるエフゲニー・プリゴジンと関連していた。プリゴジンは「プーチンのシェフ」とも呼ばれ、ＩＲＡを使って２０１６年の米国大統領選挙に干渉したとして、米司法省の特別検察官だったロバート・ミュラーに起訴されている。いわゆる「ロシアゲート」事件である。また、２０１９年に確認されたキャンペーンは、リビア、スーダン、南アフリカ、中央アフリカ共和国、マダガスカル、モザンビークを対象としていた。これらの6か国では、ロシアの軍事請負業者であるワグナーグループも積極的に警備を提供したり、訓練を行ったり、現地の民兵と一緒に活動していた。

プリゴジンに関連した鉱山会社が、アフリカで数多くの契約や取引を獲得していることから、これらの活動の一部には明確な経済的動機がうかがえる。アフリカ各地で行われたロシアのSNSキャンペーンには、地元から出たように作られたフェイクニュースページの作成や、ロシアに友好的な候補者の宣伝など共通点があった。アフリカでのキャンペーンの内容は、ほぼロシアの政治的アジェンダに沿ったものであった。

影響力行使キャンペーンで外国の政治に干渉した国は6か国であるのに対し、DIEを行った国は18か国と多い。DIEは、マルタやホンジュラスを含むいくつかの小国でも使用された。もっとも一般的なDIEは、特定の支配者や政権への支持を高め、反対勢力の信用を落とすことを目的としている。2012年から2018年までのエンリケ・ペン・アリア・ニエトの大統領時代には、メキシコの「PRI（Insti-tutional Revolutionary Party)」の候補者のために、多くのSNSキャンペーンが行われた。PRI派のアカウントは「Pen˜abot」と呼ばれるようになり、大統領のアジェンダや業績を人為的に増幅させていた。

また、DIEネットワークが公然と政府に組み込まれたケースもある。ベトナムでは、軍が「Task Force 47」というサイバー部隊を創設した。これは、SNSでベトナム共産党（VCP）を宣伝し、野党の人物を攻撃することを任務とするトロールアーミーである。スーダンでは、SNSの操作による政治思想の監視と規制を目的とした、同様のサイバー・ジハード部隊が同国の情報機関の下に作られた。このような形の持続的な国内干渉は、個人的な表現や政治的言説のためのSNSの利用を阻害し、民主主義体制と権威主義体制の両方で選挙に影響を与えるために採用されてきた。

政治的支配を定着させるための長期的な取り組みに加えて、特定の出来事に関連した活動に影響を与えることに焦点を当てたDIEもあった。中国のキャンペーンは、2019年に香港で行われた民主化運動の際に、偏りや不和を引き起こすことを目的として行われた。同様のキャンペーンは、インドネシアの西パプア独立運動でも行われた。観測されたDIEの半数以上が2017年以降に始まっている。今回の調査では、国家が国内政治を形成するためにSNSを操作するケースが増えていることが示唆された。

プリンストン大学による今回の調査では、カウントされたFIEやDIEの他にも、国内外の国家の政治に干渉することを目的としながらも、影響力行使の基準を満たしていないケースも数多くあった。SNSを操作したり、コンテンツをターゲットに合わせて有機的に見せる努力をしたりしていないプロパガンダキャンペーンが数多く見つかったとされている。（初出「一田和樹ｎｏｔｅ」２０２１年8月10日　改稿）

コロナ禍によって拡大した、デマ・陰謀論コンテンツ市場

利益目的でフェイクニュースや陰謀論を流すのは以前からあったことで、ことさら目新しいわけではない。問題はパンデミックによって、フェイクニュースや陰謀論へのアクセスが増加し、ビジネスとしての旨みが増したことと、有効な措置をとらなかったプラットフォームの怠慢のために多くの問題が発生したことである。

コロナにまつわるフェイクニュースやデマは世界中に溢れ、いまだに収まっていない。パンデミックにちなんだインフォデミックという言葉も注目されるようになった。２０２0年5月25日、アメリカのシンクタンク「NEW AMERICA」は、「Getting to the Source of Infodemics: It's the Business Model」と題するレポートを公開し、インフォデミックをもたらしたのは、グーグル（傘下のYouTube）、フェイスブック、ツイッターなどのターゲット広告が招いた誤情報の氾濫だとはっきりと名指しした。そしてＳＮＳプラットフォーム

が問題のある投稿を止められないのは彼らが人権を軽視し、紙媒体のような責任と透明性を持っていないためであるとした。

同年11月には、ネット世論操作の研究で有名なオクスフォード大学の「Computational Propaganda Project」のデータメモ「Profiting from the Pandemic Moderating COVID-19 Lockdown Protest, Scam, and Health Disinformation Websites」が公開された。

このメモでは、コロナに関して問題となる情報を発信しているサイトのインフラ部分を支える事業者について調べている。サイトは3種類に分類され、それぞれ40ずつを選び、調査を行ったという。

1：ロックダウンなどの措置に抗議する。
2：コロナに関する詐欺や不正行為、利益供与を促進する。
3：公衆衛生に関するデマを発信する。

これらのサイトはグーグル、GoDaddy、Cloudflare、フェイスブックなどの機能を利用してコンテンツを提供していた。中でも、グーグルとフェイスブックのサービスは特によく使われていた。トラッカーも広く使われており、反ロックダウンサイトとコロナ詐欺サイトの約3分の1は広告用、3分の1は分析用、3分の1はトラッカーと、ウィジェットが混在している。一方、デマサイトのトラッカーのほぼ3分の2は広告用トラッカーであり、収入源としていかに広告に依存しているかわかる。ここでもグーグルとフェイスブックのトラッカーはよく使われている。

グーグルやフェイスブックは、建前上は問題となる情報発信に対してモデレーションを行い、排除するようにしているというが、不十分かつ効果に乏しいことがわかる。ここで明らかにされたことをまとめたものが次の表である。

コロナについて問題ある情報を流していたサイトの種類、概要、対処

種類	バックエンド事業者	概要	対処
反ロックダウンサイト	GoDaddy、グーグル、Cloudflare	2020年4月、アメリカでロックダウン抗議活動が始まり、フェイスブック、インスタグラム、ツイッターは抗議活動に関連した投稿、イベント、アカウントを削除した。ほとんどのサイトは、抗議活動が盛んだった2020年4月から5月にかけて作られた。フォーラム、イベント、商品販売などで利益を得ている。	SNS企業はモデレーションを行っているが、効果は低い。フェイスブックとインスタグラムは、Boogalooという極右サイトが用いている言葉を禁止したが、ベリングキャットによるとほとんど効果はなかった。
コロナ詐欺サイト	多様な事業者	医療機器に関連した調達詐欺、前金詐欺、偽の慈善団体、マルウェアを配布するウェブサイトなどがある。Fraud Watch Internationalの報告によると、2020年4月のわずか1週間で、フィッシングやマルウェアの攻撃が1,800万回以上試みられた。 オンライン詐欺は、専用のウェブサイトや電子メール、メッセージングアプリ、ソーシャルメディアなどで拡散されることが多い。	ウェブサイトレベルではサイト運営者を訴追し、プラットフォームレベルではフェイスブックとアマゾンがコロナの恐怖を利用した広告を禁止、アプリストアではコロナ関連の悪質なアプリを排除、レジストラレベルでは司法長官がレジストラ6社に取り締まり強化を要請する公開書簡を送付した。これらの対処の効果はあまり出ていない。詐欺サイトは圧倒的に多く、サイトブローカーは詐欺サイトにもサイトを販売しているため、簡単にサイトを作ることができる。さらにグーグルやフェイスブックの広告プラットフォームで広告を作成することもできる。
コロナデマサイト	GoDaddy、グーグル、Cloudflare、Fastly、AWS	SNS、チャットアプリ、ウェブサイトで拡散する。パンデミックが始まってからできたサイト以外に、従来からデマを発信していたサイトも発信しており、2020年に開設されたサイトは全体の3分1以下だった。	大手SNS企業は、コロナのデマの拡散を防ぐことを表明しており、フェイスブック、グーグル、LinkedIn、マイクロソフト、Reddit、ツイッター、YouTubeらは連携して取り組んでいる。SNS企業は、偽情報の削除、アカウント停止を行っている。グーグルの検索エンジンは、コロナの検索に対する権威ある情報を上位に表示させている。アップルとグーグルは偽情報アプリを取り締まっている。同様に、グーグルマップは、医療機関に関する偽のレビューや誤解を招くような情報を削除している。しかし、一貫して規制することは極めて困難であることがわかっている。コンテンツ削除の決定方法の不一致、自動化の進行、透明性と説明責任の欠如など、現行の対策には欠点がある。

コロナによって、フェイクニュースやデマや陰謀論をネットでばら撒く者が、より多くの利益を獲得できるようになったことは確かなようだ。２０２０年7月8日の「ＧＤＩ（Global Disinformation Index）」社の推定によると、５００の英文コロナデマサイトの２０２０年の広告収益は25億円だった。もっとも利用されていた広告配信ネットワークはグーグルで、次いでOpenX、アマゾンとなっていた。これらを通じて、世界的なブランドであるロレアル、キヤノン、ブルームバーグなどが問題あるサイトに広告収益をもたらしていた。

なお、25億円というのは５００のサイトのみの数字で、英文のみの範囲なので全体ではさらに多いと想定される。たとえば、同年3月に公開されたＧＤＩ社のレポート「Ad Tech Fuels Disinformation Sites in Europe – The Numbers and Players」によると、ＥＵでデマを拡散するサイトは毎年76億円以上を稼いでおり、およそ60％はグーグルの広告配信からのものだった。そして、グーグル、Criteo、Taboola、OpenX、Xandrの5社で全体の90％を占めていた。

こうした流れを受けて２０２１年5月21日、欧州委員会はネット世論操作対策ガイダンス「European Commission Guidance on Strengthening the Code of Practice on Disinformation」を公開し、この中で広告エコシステムからフェイクニュースや陰謀論、デマを排除することが成功の鍵であるとした。そのためにはＳＮＳプラットフォームの協力が必要であり、幅広い関係者の参加を求めていた。

ＧＤＩ社の別のレポート「Brands & Antivax disinformation WHO's World Immunization Week」によると、こうしたフェイクニュースやデマを拡散するサイトは、ワクチンに関して報じられる新しいニュース（ワクチンパスポート、ワクチンの有効性などに関するもの）を、デマ拡散のチャンスとして利用している。そのため、本来ならば正しい情報がニュースを通じて広まるべき時に、誤った情報も広く流布することになってしまっている。

２０２１年の年初から4月1日までのデータによると、ワクチンに関する大きなニュースのたびにこうしたサイトのアクセスが大きく伸びていたことがわかっている。この期間中、もっともアクセスが多かったのはファイザーが子供への治験について発表した3月25日だった。この時もグーグルをはじめとする各種広告配信ネットワークが利用された。

もちろん、プラットフォーム各社も、コンテンツ・モデレーションを行って問題ある投稿を削除するなどの措置を講じている。しかし、前掲のNEW AMERICAとオクスフォード大学のレポートによれば、そこにはかなり問題がある。オクスフォード大学のデータメモは、「グーグルはYouTubeから有害コンテンツを削除するが、問題あるサイトの運営者は広告トラッカー、決済サービス、クラウドサービスなどの目立たないバックエンドサービスから、資金やデータの流れの面で引き続き利益を得ることができる。同様に、フェイスブックは傘下のSNSから有害なコンテンツを削除することができるが、さまざまなウィジェット、広告、分析トラッカーを通じて、問題のあるコンテンツに利益を与えている」と指摘している。

NEW AMERICAのレポートは、プラットフォームはアルゴリズムで投稿を削除しているが、その内容は不透明である、としている。たとえば、「いつ、なにを、なぜ」削除したのかを公開していないのだ。パンデミックの最中、プラットフォームでの投稿の扱いが不透明であることに危惧を覚えた75の団体と研究者が、「システムが自動的にブロックしたり削除したりしているもの」の情報を保存するよう、SNS企業に求める公開書簡を発表したことも紹介されている。

２０１８年の、アメリカ全体のデジタル広告費の60％を、フェイスブックとグーグルが占めていた。２０１６年の大統領選でＳＮＳプラットフォームがネット世論操作に利用されて以来、各ＳＮＳ企業は対策を講じているものの効果は限定的だ。コンテンツ・モデレーションのルールには一貫性がなく、しばしば恣意的に運用されているため、活動家やジャーナリストのコンテンツが不当に削除され、表現の自由が制限されるなどの問題が起きている。こうした問題に対して、ＳＮＳプラットフォームに対し、ユーザの投稿に対する法的責任を負わせることを検討している政府は多い。ユーザーの投稿の確認とはコンテンツ・モデレーションにほかならない。

しかし、本当の問題はそこではなく、ターゲット広告のビジネスモデルそのものと、アルゴリズムであると、NEW AMERICAのレポートは指摘している。そもそもターゲット広告は、センセーショナルなコンテンツ、人目を引く話題性のあるコンテンツを優先的に表示するように設計されており、選挙はもちろん、コロナパンデミックの際に生命を守るための情報の質を低下させる偏った意見やカネ目当ての投稿を増幅しやすい。さらに、ターゲティング広告では、有料会員が、人々の属性や申告した関心事に加えて、アルゴリズムによって推測される他の特徴に基づいて、広告を含むさまざまなタイプのコンテンツを特定の利用者に発信できるためフィルターバブルを作りやすいのだ。

政府もプラットフォーム企業も、本当の問題に適した対処を用意していない。川下の対策であるコンテンツ・モデレーションは必要だが、ターゲット広告とそのアルゴリズムをなんとかしない限り効果は薄いだろう。（初出『ニューズウィーク日本版』2021年6月25日　改稿）

ファクトチェックはネット世論操作産業の一部である

2021年8月13日に、『BuzzFeed News』が、ファクトチェック老舗「Snopes」が他社の記事を剽窃《ひょうせつ》していたことを報じた。『ニューヨーク・タイムズ』もこの事件を取り上げ、剽窃が60件だったことを伝えた。剽窃を主導していたのは創業者でCEOのDavid Mikkelsonだった。Snopesはファクトチェックの草分けであり、もっとも信頼できるメディアとみなされてきたので、このニュースはファクトチェック関係者に衝撃を与えた。問題となった記事はファクトチェックではなく、同サイトに掲載されていた一般のニュースで、目的は広告収入を上げるためのアクセス稼ぎだった。

現在、ファクトチェックを担っている者の多くは、民間の企業あるいはＮＰＯ団体だ。大手メディア企業の一部門なら別だが、そうでないと自前で活動資金を確保する必要がある。Snopesの収入は、同社サイトによると広告収入・読者収入・クラウドファンディングからの収入・寄付などが中心だ。同社は、フェイスブックのファクトチェックを行うファクトチェック・パートナーになっていた期間があり、２０１８年にフェイスブックから得た報酬は40万６０００ドル（約５２００万円）で、これは開示されている収入全体の33・１４％と高い割合を占めている。

ちなみに、同じくフェイスブックのファクトチェック・パートナーの「FactCheck.org」は、２０１８年に18万８８８１ドル（約２４００万円）、２０１９年は24万２４００ドル（約３１００万円）をフェイスブックから受け取っていた。

グーグルやフェイスブック、非営利財団などが後押しするファクトチェック活動は広がっており、２０１８年の段階では47のファクトチェック組織のうち41がメディア企業に関係していたが、２０１９年は60のうち39がメディア企業に関係しているに留まった。つまり、ファクトチェック機関の数は増えているが、伝統的なジャーナリズムとの結びつきは弱まっているのだ。言い方を変えるとグーグルやフェイスブックのファクトチェック団体に対する影響力は増大していると言える。

ファクトチェックというと、中立で公正な「正義の味方」のイメージがあるが、必ずしもそうとは限らない。日本では大阪維新の会が始めたファクトチェックが、開始後即座に炎上した。そもそも政党がファクトチェックを行うことが、非党派性・公正性の原則から外れるという指摘もされた。ファクトチェック機関に特定の思想や主張あるいは第三者が影響を及ぼすことは望ましくない。しかし、ファクトチェック機関の収入などの裏側の事情はあまり知られていない。

ファクトチェックの裏側の事情について触れた『Colombia journalism Review』の記事、「The Fact - Check Industry」では、「政府やテクノロジープラットフォームが、誤情報に焦点を当てるように後押ししていることは否定できない。社会的使命と手法の両方について多くの疑問がある」という言葉が紹介されている。テクノロジープラットフォームとは、グーグルやフェイスブックなどのことだ。彼らがファクトチェックに人々の関心が集まるようにし、その対策に資金を提供している。彼らにとって、もっとも重要なのは現在の圧倒的優位な立場を脅かす独占禁止法や個人情報の取り扱い、広告手法に関する規制である。データとアルゴリズムに依って立つ、これらの基盤こそがビジネスの源であり、デマや陰謀論、フェイクニュース、コンテンツ・モデレーションへの注力はそこからできるだけ世間の関心をそらす方便なのかもしれない。

資本主義社会においては、資金が潤沢なところに人が集まる。その結果、政府や企業が資金援助する科学や文化の分野は発展し、そうでない分野は衰退する。結果として、政府や企業の目的に沿った活動を行う科学者や文化人しか残らない。同様に資金が潤沢なグーグルやフェイスブックなどの下にファクトチェック団体が集まってしまう可能性がある。

「Snopes」の収入を見ても、フェイスブックからの報酬はかなり役に立っていたのは確かだ。Snopesは2019年にフェイスブックのファクトチェック・パートナーを辞め、今回のスキャンダルが露見した。ファクトチェック機関にとって、資金確保は重要な課題だ。

フェイスブックの広報担当者によれば、世界で70以上のファクトチェック機関と提携しているのは同社だけだそうだ。影響力を増しているのは確かなようだ。

グーグルは、2018年にジャーナリズムへの支援として、3年間でおよそ300億円を投じると発表した。ハーバード大学と共同で「Disinfo Lab」を設立し、Poynter、スタンフォード大学、ローカルメディア協会と提携し、米国の若者のデジタル情報リテラシー教育を行う予定としている。こちらも影響力を増しつつある。

しかし、フェイスブックのファクトチェックがどのように行われているかを見ると、そこに内包される問題は明らかである。フェイスブックは数多くのファクトチェック団体にファクトチェックを依頼している。ファクトチェッカーはフェイスブックの投稿を確認し、問題があると判断した場合にラベルをつける。投稿者は決定に異議を申し立てることができる。この後にフェイスブックがファクトチェックの結果を無視できる仕掛けが用意されていた。

投稿者にフォロワーが多かったり、フェイスブック（Meta）社内に担当マネージャーがついている広告主だったりした場合は、マネージャーがファクトチェッカーの指摘を確認する。そして優先度の高い問題あるいはPR上の問題があると判断した場合は、「エスカレーション」＝社内の管理システムに登録する。エスカレーションすると上司に通知が行き、上司はほとんどの場合、24時間以内に対応を決定する。

エスカレーションの対象となる投稿の選定とその後の扱いは、同社内で決定される。ここが大きな問題である。ファクトチェック・パートナーが介在しないのである。『BuzzFeed News』によると、フェイスブックの社内の連絡用システムにひとりの社員が、右派ページからのファクトチェックに対する苦情がエスカレーションされ、同日中にその右派ページに有利な形で解決されたケースが複数あったと投稿した。

『NBC News』でも、フェイスブックが右派に規制を緩めているということが報じられた。極右の『Breitbart』、『Diamond and Silk』、『PragerU』などのページが、フェイスブックのポリシーに反してもペナルティを科されないようにしていたのだ。しかもエスカレーションの約3分の2は、保守派のページの問題に関するものだった。

BuzzFeed NewsとNBC Newsが入手した内部資料によると、フェイスブックは問題の指摘を受けたページへのペナルティの決定を控えたり、政治的な反発や広告収入が減るのを恐れてファクトチェック・パートナーの判断を無視したりしていた。もちろん、フェイスブックはそうした理由や証拠を公開していない。

その後、この問題は内部文書が暴露され、フェイスブック・ペーパーという一大スキャンダルに発展した。

フェイスブックもグーグルも、ファクトチェック・パートナーからすると相当の予算を支払っているが、彼らの売り上げと利益からすると、わずかなものに過ぎない。２０１９年2月の『The Atlantic』誌の推計では、年間数百万ドル（数億円）を支払っている。しかし、その時点でのフェイスブックの四半期の売り上げは１６９億ドル（約2兆１６００億円）だったことを考えると、フェイスブックにとってのファクトチェックは、「なにもしないよりはやったほうがいいが、それ以上の意味はない」というくらいのものだろうと記事では皮肉っている。

さらに問題なのは、フェイスブック自らがデマや陰謀論をビジネスに利用していたことだ。テクノロジーの社会的影響とモラルの問題についてリサーチをしているアメリカのＮＰＯ「The Markup」が、自分たちのポータルサイトで発表した記事「Want to Find a

Misinformed Public? Facebook's Already Done It」によれば、フェイスブックはエセ科学に興味を示している7800万人以上を広告ターゲットとしてカテゴリー化していた。平たく言うと、「エセ科学に引っかかりやすい人」を狙いすまして広告を出せるようにしていたということだ。NWO陰謀論（New World Order・いわゆる陰謀論の一つで、NWO＝新世界秩序の樹立を目論む勢力が世界を操っているとするもの）、ケムトレイル陰謀論（Chemtrail conspiracy theory・長時間残る飛行機雲を有害物質や生物兵器とみなす陰謀論）、ワクチン疑惑（Vaccine controversies）、ユダヤ人差別者（Jewhater）、ユダヤ人陰謀論（History of 'why jews ruin the world.）などもカテゴリーとして存在していた。

この記事では、広告主自身（「携帯電話の電磁波から頭を守る帽子」を売っているLambsという企業）も知らない間に、勝手にそのカテゴリーに広告が配信されていたという。フェイスブックが広告の効率を考えた結果だ。広告の「Why You're Seeing This Ad（なぜあなたにこの広告が表示されたのか？）」タブを見ると、「LambsはFacebookがエセ科学に興味があると考える人々にリーチしようとしている」という理由が表示された。真面目に健康のための製品を販売しようとしている広告主（The Markupは広告主にも取材している）にとっても、エセ科学呼ばわりされるのは心外だろう。もちろん、広告主が意図的にこうしたカテゴリーを選ぶこともできる。実際に、The Markupはエセ科学に興味があると考える人というカテゴリーに広告を出稿し、数分で承認されたこともあるという。

これらのカテゴリーはThe Markupがフェイスブックに取材した後に消去されたが、どれだけの期間、どれほどの利用者にリーチしていたのかは不明だ。そしてまだ確認されていないこうしたデマやフェイクニュースの格好のターゲットになるカテゴリーがどれだけあるかもわからない。

ここで根本的な疑念が浮かんでくる。

「本気でファクトチェックの効果を出したいなら、該当する内容に騙されやすい人に優先的にファクトチェックの結果を表示すればいいのではないか？」

もちろん、フェイスブックはそんなことはしない。なぜなら、それは利用者が望んでいることではないからだ。むしろ、もっと騙されてくれたほうがアクセスは増え、広告収入も増える。つまりフェイスブックにとってファクトチェックは優先すべきものではないのだ。騙しやすい、というと聞こえは悪いが、「関心や興味を持っているテーマ」に即した広告を表示しているのだ。

ファクトチェックサイトのSnopesが、広告配信サービスを利用して収入を得ていたことは前述した通りだ。それでは、もしそこに配信される広告がデマや陰謀論サイトへ誘導する広告だったらどうなるだろう？

「Google Serves Fake News Ads in an Unlikely Place: Fact - Checking Sites」（The New York Times　2017年10月17日）によると、グーグルはPolitifactやSnopesといったファクトチェックのサイトに、デマや陰謀論サイトへ誘導する広告を配信していた。中には以前、Snopesがファクトチェックで否定した説を掲載していたサイトの広告もあった。

アクセスを稼ぐという意味ではグーグルの広告配信は間違っていないのかもしれない。大手ファクトチェックだからといって信用せず、複数のサイトで事実確認し、クリティカルシンキングを行う人、つまりファクトチェックサイトをよく利用するような人には、「この広告の話はSnopesでは否定されていたけど、他のサイトも見ておくべきか」と思ってくれる可能性があるので引きが強い広告になり得る。誘導された先のサイトを信じてしまう人も一定の割合でいるだろう。リテラシーのバックファイアという現象だ。このことについて、データ&ソサイエティ研究所創始者&代表のdanah boyd氏は、自身の講演で『メディア・リテラシー』および『批判的思考』という言葉を使う際に充分注意しないと、特定の立場を有利にするために利用されてしまう」と指摘している。（参照「一田和樹note」2021年6月21日）

前項「コロナ禍によって拡大した、デマ・陰謀論コンテンツ市場」で書いたように、コロナ禍でデマや陰謀論の市場は拡大した。そのための広告やシステムを提供してきたのはグーグルをはじめとするSNS企業などだ。特にデジタル広告の巨人であるフェイスブックとグーグルの責任は重い。2020年の段階で2社を合わせるとアメリカの広告市場の半分以上を占めている。

ファクトチェックと広告ビジネスの優先度を考えれば、後者のほうが高いのは当然だろう。むしろ後者の妨げにならないように、ファクトチェックを利用している可能性がある。

実際、すでに紹介したように、フェイスブックは顧客との関係を維持するために、保守派の投稿がファクトチェックでラベルを貼られたり、ペナルティを受けたりしないようにしていいた。それはつまり、デマや陰謀論がもたらす利益はファクトチェックより優先するということだ。

ファクトチェック機関の収入源は限られており、Snopesのように資金難に苦しんでいる団体もある。フェイスブックやグーグルはそこに甘い餌を撒いている。リテラシー教育まで手を伸ばすグーグルを見ていると、自社に都合のよいリテラシーやファクトチェックのあり方を醸成している懸念すらわいてくる。

グーグルやフェイスブックの主たるビジネスに傷を与えない範囲であれば、ファクトチェック機関を支援することは、やっている感を出せる。しかも、フェイクニュースの問題をファクトチェック機関が声高に叫んでくれれば、本当の問題から世間の目がそれやすくなる。

コロナ禍でデマや陰謀論の「業界」が潤ったことからわかるように、陰謀論も広告もファクトチェックもネット世論操作産業のエコシステムに取り込まれているのだ。

素朴な疑問がある。ジャーナリストやジャーナリスト志望者を、資金やツールで支援したり、ワークショップなどを行って手懐けたりするのは、中国などの権威主義国の常套手段だ。この手法は非難されるし、そこに参加した人間は、「そういう目」で見られる。グーグルやフェイスブックがやっているのは同じことのように筆者には見えるのだが、なぜ両社は非難されず、参加したファクトチェック機関も「そういう目」で見られないのだろう？（初出『ニューズウィーク日本版』2021年9月2日　改稿）

「怒り」と「混乱」と「分断」でネット世論操作が醸成する政権基盤

アメリカや日本のような民主主義国と、デジタル権威主義の国におけるネット世論操作の主な違いは3つある。いずれも、民主主義国であるために生じる軋轢であり、そのためにさまざまな制限を受けている。民主主義国家で監視とネット世論操作を進めるのは矛盾や問題を孕んでいるのだ。

・メディアや市民団体からの批判を受ける。中国やロシアでもあるが、抑圧しやすい。
・民主主義的価値観と相容れない面があるため倫理的問題がある。中国やロシアでは倫理的な問題は起きにくい。

・意図的に、怒り、混乱、分断を広げている。中国やロシアでもこれらはあるが、政権にコントロールされており、アメリカや日本ほどひどくない。

その一方で、大げさに聞こえるかもしれないが、民主主義的価値観を破壊することによって、政権基盤を固めることが容易になる。オクスフォード大学の「The Computational Propaganda Project」のリサーチ・ディレクターで、デジタルプロパガンダの研究者であるSamuel Woolleyの著作『The Reality Game: How the Next Wave of Technology Will Break the Truth』では、ネット世論操作は特定の言説や人物を支持するように仕向けるだけでなく、ニュースや政治に対して「混乱」と「失望」をさせ、社会を分断するようになると指摘されている。

米大統領選やBrexit時に選挙コンサルタントとして活動し、フェイスブックから個人情報を不正に取得した疑いで話題になった「ケンブリッジ・アナリティカ」の元メンバーによる暴露本『告発 フェイスブックを揺るがした巨大スキャンダル』（ハーパーコリンズ・ジャパン）や『マインドハッキング：あなたの感情を支配し行動を操るソーシャルメディア』（新潮社）にも、同様に作戦の一環として「混乱」と「失望」をさせ、社会を分断しようとしていたことが描かれている。前出の『The Atlantic』の記事、「The Billion-Dollar Disinformation Campaign to Reelect the President」でも同様の指摘がある。

ネット世論操作では、「理解」させて支持を得るのではなく、「感情」をコントロールして支持を得るのである（『AI vs. 民主主義：高度化する世論操作の深層』NHK出版）。有権者が、政策ではなく心情、あるいはアイデンティティで政権を支持するようになれば、野党や市民団体が政府を批判すると、支持者は自分のアイデンティティが攻撃されたと感じて反発し、政権の反論にも同意する。トランプや安倍総理に対する根拠のある批判が、政権支持者に響かないのはそのためである。

また、偏りのある認証システムによる監視や予測捜査ツールも、政権を批判する政治家や活動家、メディアを抑圧する目的に適している。

「テック・ウォッシング（tech-washing）」（AIなどの先端技術を使うことで公正中立のように見せかけるが、実際には偏りがある）で、批判勢力をテロリストや犯罪者予備軍に仕立てることも容易になる。

少なくともトランプ政権は、ネット世論操作で意図的に、「怒り・混乱・分断」を広げたことがわかる。

ツイッター社の協力を得て、MITメディアラボが過去のすべてのツイート（アカウントが停止、削除されたツイートなどを含む全量）を分析したレポート「The spread of true and false news online」によると、拡散しやすいのは「驚きと嫌悪の感情」だった。50万件のツイートを分析したニューヨーク大学の研究でも、感情的な内容は、バイラルで拡散の度合いが20％高く、特に同じグループ（保守あるいはリベラル）の中で拡散しやすいことがわかった。米シンクタンクPew Research Centerの「Critical posts get more likes, comments, and shares than other posts」でも、批判的な投稿はそうでないものより2倍のエンゲージメントがある結果となっている。

ネット世論操作でよく用いられる批判や攻撃的な投稿は、拡散しやすい負の感情（怒りや嫌悪など）を含むことが多く、これらの条件に当てはまっている。特にＭＩＴメディアラボの研究は、フェイクニュースに焦点を当てているので、ネット世論操作のツールであるフェイクニュースがいかに効果的であるかよくわかる。

「逆検閲」で軽視されるようになるニュースの信頼性

大量の情報を流布させることによって、正しい情報を埋もれさせることを「逆検閲（reverse censorship）」と呼んでおり、情報の受け手を大量の情報で混乱させる効果がある。この手法は中国の五毛党も用いている（『フェイクニュース　新しい戦略的戦争兵器』角川新書）。大量の情報が溢れると、その内容を理解し、真偽の判定を行うのは難しくなることを利用した手法だ。

その結果、情報の信頼性よりも利便性（アクセスの容易さ）を優先するようになる。アメリカも日本も同じ傾向であることが調査によってわかっている。『アフターソーシャルメディア　多すぎる情報といかに付き合うか』（日経ＢＰ）によれば、日本ではまだＮＨ

Kや新聞などのニュースが信頼されているものの、ニュースアプリやSNSなども信頼度は低いが利用されている結果となっている。

特定のニュースサイトやアプリを利用する理由として、「正確な情報を知ることができるから」を挙げた回答者はどの利用者層でも数パーセントに留まった（2桁だったのは50歳以上で12％のみ）。これに対して、「使いやすいから」という回答は全年齢区分で40％以上となり、最大で62％となった。利用に当たって「信頼」という価値よりも利便性を重視する割合が高くなっているのだ。

アメリカでも同様の傾向が見られる。Pew Research Centerの調査では、SNSのニュースは不正確である（SNSのニュースの嫌な点の1位で31％）と回答しながらも、便利だから利用する者が多かった（21％で利用する理由の最多となっている）。

これらは最近発表された世論調査会社ギャラップとナイト財団のレポート「American Views 2020: Trust, Media and Democracy, A Deepening Divide」でも確認されている。多くのアメリカ人が、ネットのニュースの量（72％）と更新頻度（63％）に圧倒されており、偏りがあって事実を把握するのは難しい（43％）と感じている。そして、31％はニュースを1つか2つのメディアに絞ることで対処し、17%はニュースを見るのをやめた。
アメリカ人の多くはニュースに「多くの量」（49%）または「まあまあの量」（37%）の偏見が含まれていると回答し、79%が、報道機関が偏見を植え付けようとしていると感じていた。ニュースの量の多さと偏見が大きな問題と認識されていることがわかる。

そして、認証システムや予測捜査ツールは、逆検閲のための情報を大量に生むことができる。なにしろ、本人よりも言動を詳細に記録しているのだ。トランプ陣営では批判した記者について、彼が10年前に投稿したSNSでの発言を引っ張り出して、不適切な投稿をしていたと攻撃した。認証システムと予測捜査ツールを用いれば、それ以上のことができてしまうのだ。

逆検閲は、政権への支持を維持し、敵への攻撃を容易にする。国民がメディアの情報を信じないならメディアからの批判は怖くなくなる。目障りになったら、「プロキシ」（113ページ参照）を使ってさらに逆検閲を行えばいい。「信頼」の重要性が低いなら、敵対する勢力を攻撃したり、政権を支持したりする不正確な情報を政権に協力的なメディアやプロキシから流せばよい。ロシアがアメリカに仕掛けているネット世論操作は逆検閲の効果があるため、政権に益する効果を生む。

怒りを拡散しやすく、逆検閲を行いやすいＳＮＳをネット世論操作に利用すれば、「分断」が起こる。敵対勢力への怒りが拡散し、その投稿の量が増えて逆検閲となり、手軽でなじみのある情報ばかりを見るようになる。その結果、同じ国あるいは地域に住んでいても、普段接している情報や、コミュニケーションを取る相手が異なるため、見えている世界がまったく異なってくる。見えている世界が違えば、意思の疎通が困難になるのは当然の帰結だ。アメリカではネット世論操作が行われるようになった時期から、はっきりと分断が広がっている。

アメリカでは有権者の政治的意見が、人種、宗教、教育、性別、年齢よりも支持政党によって分かれることがPew Research Centerの調査で判明した。対象となった政治的意見は10あり、人種、移民、低所得者、同性愛や政府に関するものだった。グラフで他の線とかけ離れている線が政党の違いである。２００４年から２０１７年の間に大きくギャップが広がった。

政党の違いによる政治的意見のギャップの拡大

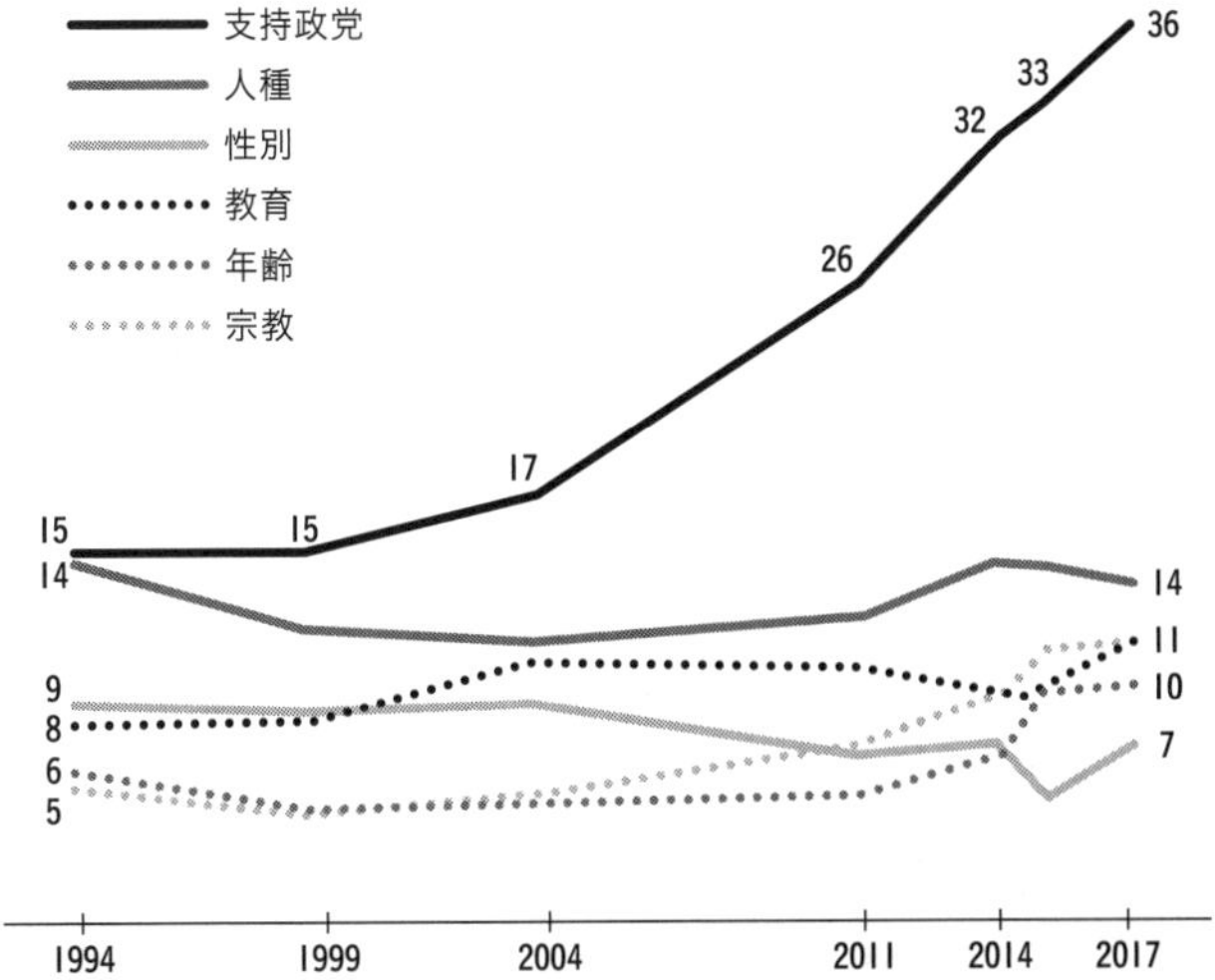

The Partisan Divide on Political Values Grows Ever Wilder、Pew Research Center、2017年10月5日

これをアメリカ２大政党の支持者のグラフにすると次の図になる。２００４年から２０１７年に大きな分断が発生したことがよくわかる。薄い灰色が民主党、濃い灰色が共和党である。

アメリカ民主党（薄灰）と共和党（濃灰）支持者のギャップの拡大

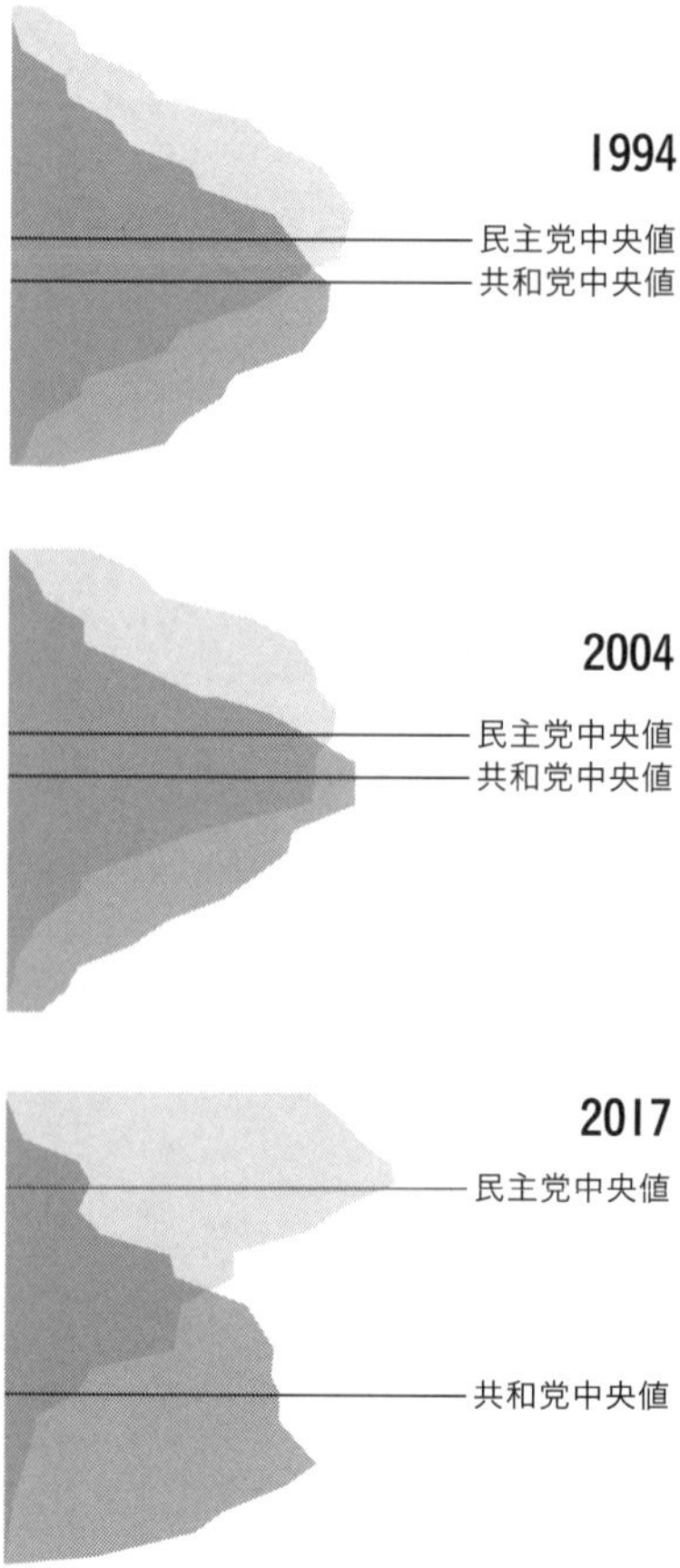

The Partisan Divide on Political Values Grows Ever Wilder、Pew Research Center、2017年10月5日

この時期は、SNSがアメリカに普及した時期であり、オバマが選挙戦でSNSを積極的に利用した時期、そしてそれをさらにトランプが拡大した時期に当たる。

MITメディアラボの「Laboratory for Social Machines」の「The Electome」プロジェクトは、2016年のアメリカ大統領選について、ツイッターの全ツイートを解析した結果をメディアに提供している。そのひとつ『VICE』の記事には、トランプ支持者とクリントン支持者で分断が起きており、相互の接点が少ないことが示されている。また、多くのメディアがトランプの当選を予測できなかったのは、メディアも分断の影響を受けてトランプ支持者たちがほとんど見えていなかったためだと指摘している。トランプ支持者たちのグループはクリントン支持者とも主流派メディアともほとんど接点を持っていなかった。

ツイッターでフォローすることがトランプへの信頼を意味し、そこから閉じた情報空間に入り込むことになり、エコーチェンバー現象（自分に都合のよい意見や情報ばかりが集まる空間にいると、自分の意見が正しいものとして強化されていくこと）が発生する。そしてツイッターのアルゴリズムもおすすめユーザーとしてトランプ支持者を表示するようになる。

前出のニューヨーク大学の研究や前出のギャラップとナイト財団のレポートでも、同様に保守とリベラルで大きく分断されていることがわかった。
それぞれが、異なる情報に満ちたコミュニティにいる以上、相互理解は難しく対話や議論は望むべくもない。同じ国、同じ地域にいたとしても、まったく違う世界を見ているのである。

政治的意見やメディアに対する認識が支持政党によって異なってきているのは、心情やアイデンティティによるためと考えられる。そのことはニュースに偏見があると回答しながらも、自分の見ているニュース（29％）よりも他人が見ているニュース（69％）を心配する者がはるかに多いことからもわかる。自分と異なる意見の者は、偏ったニュースを見ている（自分の見ているニュースは偏っていないという確信がある）、と考えていると解釈できる。

監視とネット世論操作で作られるデジタル権威主義の政権基盤

民主主義を標榜するアメリカと日本が進めている監視とネット世論操作は、デジタル権威主義国である中国やロシアが行っているものと程度の差こそあれ、大きく異なるものではなかった。顔認証システムや予測捜査ツール、そしてネット世論操作は権威主義的な政府にとっては極めて強力な武器であり、使わなければその分諸外国に後れを取り、弱みを晒すことになる。民主主義的価値観に従うと、こうした活動は行いにくく、それが権威主義的国家としての脆弱性につながる。すでに多くの国がデジタル権威主義的監視とネット世論操作を行っている以上、アメリカと日本の政府はやらざるを得ないという判断をしているのだろう。

時の政権がやるという決断をし、ネット世論操作を行えば、非民主的な政策であろうが国民の支持を得て、批判勢力を顔認証システムで特定し、予測捜査ツールで犯罪者に仕立て上げることすら可能だ。批判する者や団体は、予測捜査ツールでテロリストあるいは犯罪者予備軍にして、監視対象にできてしまうのがそうしたツールなのだ。

『民主主義の死に方―二極化する政治が招く独裁への道―』（新潮社）でも、SNSが民主主義の崩壊に大きな役割を果たしていることが指摘されている。過去にアメリカの民主主義を守っていたのは、対立する政党であっても敵ではなく、対決ではなく相互寛容する姿勢と、政治家や公務員が権力を慎重に行使し、法律を恣意的に利用しない自制心だったという。それが現在は失われた。

現代においては、武装蜂起によるクーデターよりも、民主主義的プロセス（選挙）によって、非民主主義的指導者が選ばれ、非民主主義的体制へと移行してゆくことのほうがはるかに多い。その際には、与党や為政者たちは、政権基盤を盤石にするために次のことをする。

・不正を調査・処罰する権限を持つさまざまな機関（司法制度、法執行機関、諜報機関、税務機関、規制当局など）を抱き込む。司法や関係機関の人事への介入は代表的な方法。
・メディアの選別を行い、批判者を逮捕あるいは訴訟する。
・野党や政府を批判する実業家を攻撃する。
・文化人への抑圧。

アメリカや日本は、デジタル権威主義への移行の過渡期なのかもしれない。後になればはっきりわかるようになるのだろうが、移行中はささいな変化だと思って見過ごしてしまうような変化が次々と起こり、気がつくと大きく体制が変わっていることになる。民主主義的価値観を守るには、この流れを止める必要がある。SNS利用に関する法律や規制、あるいはリテラシー教育など方法はいくつか提案されているが、SNSが普及した時代に適応したものではない。新しい社会に適応した新しい民主主義の姿を提示できない限り、デジタル権威主義化の流れは止められない。（初出『ニューズウィーク日本版』2020年10月7日）

ネット世論操作代行企業の台頭

こうしたネット世論操作は世界中で行われている。その実態をまとめた資料が「Industrialized Disinformation 2020 Global Inventory of Organized Social Media Manipulation」である。これは、オクスフォード大学のThe Computational Propaganda Projectが毎年刊行しているレポートだ。

2021年に発行された2020年版は、タイトルにあるようにネット世論操作産業に焦点を当てている。レポートによれば、81か国でフェイクニュースやマイクロターゲティングなどのネット世論操作が行われていて、その市場には民間企業も多数参入しており、産業化している。こうした民間企業にネット世論操作を委託した国は48か国に上る。雇用している従業員に支払われた報酬は60億円以上。この数字は少ないように聞こえるかもしれないが、このプロジェクトでは公開資料を中心に情報を収集、整理の上、精査しているため、通常予想される数字よりも低い数字になることが多い。つまり、民間企業にネット世論操作を委託している国は「最低でも」48か国以上あり、従業員への報酬は「最低でも」60億円以上と考えたほうがよい。個人的には数十倍以上に達していると思う。

レポートでは、イスラエルの「アルキメデス・グループ」と、スペインの「Eliminalia」をネット世論操作企業の例に挙げていた。アルキメデス・グループについてはすでに2年前にその存在が暴露されていた。筆者の知る範囲で、いくつかのネット世論操作企業をご紹介しよう。

2019年5月16日、フェイスブック（当時。現名称Ｍｅｔａ）社が、フェイスブックとインスタグラムの265のアカウントとページを削除したことを発表した。フェイスブックは、イスラエルのアルキメデス・グループを名指しし、ナイジェリア、セネガル、トーゴ、アンゴラ、ニジェール、チュニジアおよびラテンアメリカと東南アジアをターゲットに、ネット世論操作活動をしていたと指摘した。まさに世界を股にかけた活躍ぶりである。そしておよそ81万2000ドル（約1億円）の広告を出稿していた。

アルキメデス・グループが、いかにネット世論操作を行っているかについては、アメリカのシンクタンク「大西洋評議会」のデジタル・フォレンジック・リサーチラボが仔細に分析したレポート「Inauthentic Israeli Facebook Assets Target the World」を公開している。

最近では、ブラジルとポルトガルで事業を展開しているネット世論操作企業の存在がデジタル・フォレンジック・リサーチラボによって暴露された。2021年1月12日に公開されたレポート「Facebook removes assets connected to Brazilian marketing firms」によれば、ネット世論操作企業「AP Exata」と「Continental Marketing」の2社が、ネット世論操作活動を行っており、2つの会社は実質的に同じだという。

フェイスブックは「December 2020 Coordinated Inauthentic Behavior Report」で同社に関連するアカウントなどに停止などの措置を行ったと発表した。余談であるが、このフェイスブックのレポートには、ネット世論操作活動で停止に至った他のアカウントについても記載されており、ネット世論操作上位国の名前が並んでいる。

これらは氷山の一角に過ぎない。世界にはたくさんのネット世論操作企業があり、その産業規模は拡大していると考えられる。また、既存の広告代理店がこの分野に進出してきている例もある。たとえばインド首相ナレンドラ・モディは選挙キャンペーンの一部をアメリカの広告代理店に外注した。

選挙はもはや戦場と化しており、そこでもっとも必要とされる兵器のひとつがネット世論操作なのだ。

前出の「Industrialized Disinformation 2020 Global Inventory of Organized Social Media Manipulation」によれば、ネット世論操作が行われている81か国の中には、巧妙に世論操作を行っている国とそうでない国があるとしている。巧妙に世論操作を行っているグループに分類されているのは、216ページの表の17か国である。ロシアはもちろんウクライナもランクインしている。

これらの国々はネット世論操作を行うための充分な人員と予算を持ち、そのための組織が恒常的に存在している。ただし、多くは他の国でもある程度は見られるもので、上位国が上位国たり得ているのは、これらのほとんどを恒常的に実施しているからである。下位の国では一部しか実行できないか、実行していても充分な規模ではなく、継続的でもない。巧妙に行っている上位国には次のような特徴がある。

・上位国のすべてが、政府を支持し、対立政党や市民団体、人権団体、ジャーナリストを攻撃するネット世論操作を実施。

これらは、上位国に限らずネット世論操作実施国の多くで観測されている。ネット世論操作の基本は、自国内を掌握することである。調査対象の国の90％が政府支持のフェイクニュースやプロパガンダを行っていた。また、94％が対立政党や市民団体、人権団体、ジャーナリストを攻撃するネット世論操作を実施していた。

・ウクライナを除く上位国すべてで、政府機関がネット世論操作を実行。

62か国で、政府機関自らがネット世論操作を行っていた。上位国以外でも政府機関がネット世論操作を行うのは当たり前になりつつある。

ネット世論操作上位国の実態

	内容					組織形態					V-Dem	民主主義指数	NCPI順位
	政府支持	敵対者攻撃	撹乱	言論抑制	分断	政府機関	政党・政治家	民間企業	市民社会・団体	市民・インフルエンサー			
中国	○	○	○	○		○		○	○	○	4	4	2
エジプト	○	○	○	○		○	○	○			3	4	29
インド	○	○		○	○	○	○	○		○	2	2	21
イラン	○	○			○	○	○		○		3	4	23
イラク	○	○	○			○	○	○	○		3	4	
イスラエル	○	○		○		○	○	○	○	○	1	2	11
ミャンマー	○	○		○	○	○					3	4	
パキスタン	○	○		○	○	○	○				3	3	
フィリピン	○	○		○	○	○	○	○	○	○	3	2	
ロシア	○	○	○	○	○	○	○	○	○	○	3	4	4
サウジアラビア	○	○	○	○	○	○	○	○		○	4	4	26
ウクライナ	○	○		○			○	○		○	3	3	25
UAE	○	○		○		○		○		○	4	4	
イギリス	○	○			○	○	○	○	○	○	1	1	3
アメリカ	○	○		○	○	○	○	○	○	○	1	2	1
ベネズエラ	○	○	○	○	○	○	○	○		○	3	4	
ベトナム	○	○		○		○		○		○	4	4	20

V-Dem　4.独裁、3.選挙のある独裁、2.選挙民主主義、1.自由民主主義
民主主義指数　4.権威主義、3.ハイブリッド、2.瑕疵のある民主主義、1.完全な民主主義

・市民団体やインフルエンサーを活用。

全体では23か国が市民団体をネット世論操作に活用し、51か国がインフルエンサーを利用していた。

・民間企業の利用も進んでいる。

ミャンマーとパキスタン以外は民間企業にネット世論操作を委託したことがあった。

２０２１年7月25日のNew York Times記事「Disinformation for Hire, a Shadow Industry, Is Quietly Booming」でも、ネット世論操作代行企業が世界各地で増加していることが伝えられている。

記事によると、インドやエジプト、ボリビアやベネズエラでも同様のキャンペーンが行われていたという。また、そうしたネット世論操作代行会社が、競合する複数の政党を支援していたウクライナの事例や、中央アフリカ共和国で2つの組織がそれぞれ独立して行った親フランス派と親ロシア派への偽情報キャンペーン、イラクの反米キャンペーンを行ったPR会社といった事例も報告している。

デジタル調査会社のGraphika社によれば、「Spamouflage」というネットワークが発信した親中国メッセージが、パナマの大手メディア、パキスタンやチリの著名な政治家、中国語のYouTubeページ、イギリスの左派コメンテーター、ジョージ・ギャロウェイ、中国の外交関係者のアカウントなどによって拡散されており、同じ現象が台湾でも見られたと報じている。

こうしたネット世論操作代行企業の特徴は、安価で手軽であり、数万ドルで済むことだが、その一方であまり信頼できないため、依頼した後で予算よりも高い費用を請求されたり、仕事が実行されなかったりするリスクもあるという。

そして、ネット世論操作代行会社が新しく誕生している理由は至極単純で、「SNS上で容易に事業を開始できる＝SNSプラットフォームの規制はザル」、「儲かる＝求める客がいる」ということである。

こうしたネット世論操作は、民主主義的価値観と相容れないものだ。ネット世論操作上位国について、The Economist Intelligence Unitによる民主主義指数とV-Dem研究所による同様の指標の結果を216ページの表に記入してみた。やはりネット世論操作上位国のほとんどは自由な民主主義体制ではなかった。ただ、イギリス、アメリカ、イスラエルは、民主主義体制を維持しているが、ネット世論操作上位国である。両立している国もあるのだ。

２０２０年に、ハーバード大学ベルファーセンターが発表した「ＮＣＰＩ２０２０（National Cyber Power Index 2020・国家サイバーパワー指数２０２０）」は、従来のサイバー関係の指標と異なり、国家目標を達成するためのサイバーパワーを指数化している。この中には、商業あるいは産業発展のために違法なサイバー活動を行うことや、国内外で情報操作を行うことも含まれている。つまりこうしたサイバー活動が、国家目標を達成するための重要な活動と考えられていることを端的に示している。その意味で、両立は避けて通れない課題なのかもしれない。ネット世論操作上位国のＮＣＰＩの順位を見ると、体制に関係なく世界に影響力を持つ国は、ネット世論操作能力を保持していなければならないようにも見える。

ネットとＳＮＳの普及は社会のあり方を大きく変えつつある。グーグルやフェイスブックなどのネット産業が誕生したように、ネット世論操作産業などの新しい産業が生まれつつある。ネット世論操作産業は一般の認知度は低いが、ネット世論操作が本格的に選挙で用いられるようになった2014年頃には産業として成長を始め、ケンブリッジ・アナリティカなどの企業が生まれた。

なお、今回取り上げた「Industrialized Disinformation 2020 Global Inventory of Organized Social Media Manipulation」に日本は取り上げられていない。これは日本でネット世論操作が行われていないというよりは、ネット世論操作に関する調査がほとんど行われていない（より正確には英語で公開されていない）ためと理解したほうがよいだろう。（初出『ニューズウィーク日本版』2021年1月28日　改稿）

国家を揺るがすネット世論操作

フェイクニュースという言葉は2016年のアメリカ大統領選挙で一気に有名になり、それ以来メディアなどでも多く取り上げられるようになった。多くのメディアはフェイクニュースそのものに注目したが、2016年のアメリカ大統領選挙への干渉がそうであったように、フェイク以上に安全保障上の問題であった。その全貌を把握し、対処するためには、フェイクニュースを戦闘行為以外の戦争方法のひとつ＝「影響工作（Influence Operations）」として位置づけて考える必要がある。フェイクニュース（disinformationやmisinformationなども含む）そのものに注目して、ファクトチェックの徹底やメディア・リテラシー向上を呼びかけてもそれだけでは対抗策にはならない（もちろん必要ではある）。やり方によっては逆効果にもなり得る。このすれ違いが何年も続いていた。

２０２０年頃からやっと、ＳＮＳ企業や研究者も影響工作という言葉を使い始めた。当然、その対策も従来とは変わってきている。たとえばＳＮＳの代表的企業であるフェイスブック（Ｍｅｔａ）社は、現在、コンテンツの内容よりも投稿者の行動に注目して規制をかけている。これはコンテンツ・モデレーションのイメージとは異なるというか、対象はもはやコンテンツではないのである。

今世紀の戦争は「ハイブリッド戦」あるいは「超限戦」（１９９９年に発表された、中国人民解放軍大佐の喬良と王湘穂による戦略研究の共著名）という、新しい戦争の形態を取っている。いずれの用語も、これからの戦争を、社会のあらゆる要素を武器として戦うことになると定義している。中国の三戦（世論戦、法律戦、心理戦）もその表れだ。2021年6月に公開されたアメリカのシンクタンク「大西洋評議会」のレポート「The Case for a Comprehensive Approach 2.0: How NATO Can Combat Chinese and Russian Political Warfare」や、NATO CCDCOE「Cyber Threats and NATO 2030: Horizon Scanning and Analysis」では、影響工作が重要な課題のひとつになっていることを指摘していた。

2021年4月21日の『Business Insider』は、「The US military is turning to special operators to fend off Russian and Chinese influence in its neighborhood」という記事で、中南米で進んでいるロシアと中国の影響工作に対抗するために、アメリカが軍の影響工作部隊を投入したことを報じている。

だが、サイバー空間における影響工作は、SNSという民間企業が管理している中で起きており、軍や安全保障関連組織が直接介入するのは難しい。そしてSNS企業の多くは問題を矮小化し、フェイクニュース対策として「コンテンツ・モデレーション」を中心に据えてきた。この矮小化は安全保障および利用者の権利保護や社会的影響の2つの面で大きな問題だったが、ここでは主として安全保障に焦点を当てる。

代表的なＳＮＳプラットフォームであるフェイスブックを運営するＭｅｔａ社は、自社が受けている攻撃を影響工作として認識し、対処に取り組み始めている。同社が２０２１年に公開した、「Threat Report The State of Influence Operations 2017-2020」では影響工作を「戦略的目標のために公の議論を操作、毀損する一連の活動」と広く定義している。また、アカウント停止などにつながる問題をＣＩＢ（Coordinated Inauthentic Behavior＝協調的違反行動）と呼び、「戦略的な目的のために、公共の議論を操作したり腐敗させたりする協調的な行動」と定義した。

フェイスブックが行動に注目するようになったのには2つの理由がある。第1に、あるアカウントやページが影響工作の一環であるかどうかを判断するのに、コンテンツそれ自体は信頼できる基準にならないという点だ。問題あるキャンペーンでは、人気のある本物のコンテンツを再利用して視聴者を増やしたり、影響工作を仕掛けるグループが作成したミームを実在の人物が意図せず投稿したりすることがあるのだ。そのため、コンテンツ内容に基づいて規制することは、悪意のない人々や悪意のない投稿に過度の影響を与えることになる。第2に、行動に基づいて判断することで、世界で一貫性を保ち、CIBポリシーの適用の中立性を確保できるという点だ。また、テイクダウン（アカウント停止処置）の内容を公開することで透明性を保つこともできる。

つまり、従来のようにフェイクニュースやデマを排除することだけでは、SNSの正常化につながらないのである。行動に注目することで、悪意のない利用者や投稿を排除してしまうことも予防できる（内容をもとに判断する従来型の方法では、悪意のない利用者や投稿も排除の対象となり得たわけだ）とフェイスブック（Meta）社は判断したことになる。

現在のフェイスブックは、すべての影響工作を独立した問題として扱わないように注意している。影響工作が単一のプラットフォームやメディア上だけで行われることはほとんどなく、複数のプラットフォーム、伝統的なメディア、影響力のある著名人を含む社会全体を対象としている。1つのプラットフォームや機関が単独でこの問題に取り組むことはできないとレポートで語っている。つまり、フェイスブックは、現在進行している攻撃が、1企業だけで防げるものではないことを示し、社会全体つまり国家安全保障上の課題として対処すべきと提言していると言える。

同レポートでは、2017年から2020年までに、フェイスブック（Meta）社がテイクダウンした影響工作に基づき、最近の傾向と対策をまとめている。概要は次ページの表の通りである。

まず、最近の傾向として、7つ挙げている。「ホールセールからリテールへ」、「本物の議論と世論操作の境界が曖昧化」、「国内に向けた影響工作」、「パーセプションハッキング」、「サービスのビジネス化」、「作戦の安全性の向上」、「プラットフォームの多様化」だ。

これらに対する対策としては、自動検出と専門家による調査の組み合わせ、敵対的デザイン、社会全体での対応、抑止力の向上を挙げている。

なお、フェイスブックのレポートによると、海外からの影響工作をもっとも受けているのはアメリカであり、国内に向けての影響工作がもっとも多いのはミャンマーだった。アメリカは国内向けの影響工作もミャンマーに次いで多く、世界でもっとも影響工作に晒されている国となっている。

事例
2020年、ウクライナとその周辺国に焦点を当て、ターゲットにしていた、ロシアの軍事情報機関の影響工作を発見し、アカウントを削除した。ブログや複数のSNSで他の人物になりすまして活動していた。中には、市民ジャーナリストのふりをして、地域の政策立案者やジャーナリストなどに接触しようとした者もいた。この活動は、多数のフォロワーは獲得していなかったが、関係ない第三者のメディアに取り上げられていた。
2018年7月、ロシアの影響工作部隊IRAは、話題になっているイベントに参加して、ボランティアでイベントを増幅させていた。フェイスブックはこれを検知して削除した。面白いことに、IRAが2016年初頭にフェイスブックで独自のイベントを開催したところ、本物のローカルグループの拡散がなければ参加者を増やすことができず、多くの場合、充分な効果を上げられなかった。
モルドバ、ホンジュラス、ルーマニア、イギリス、アメリカ、ブラジル、インドなど、フェイスブックが排除した影響工作の約半数は、国内の政治運動、政党、民間企業などによって行われたものだった。2018年には、2017年のアラバマ州の特別選挙の際に、影響工作を行ったアメリカ企業New Knowledgeのアカウントを削除した。
2018年のアメリカ中間選挙の終盤、ロシアのIRAが選挙結果を左右する能力を持つ数千の偽アカウントを運営していると主張し、「選挙のカウントダウン」タイマーを備えたウェブサイトを作成し、約100個のInstagramアカウントを証拠として提示した。これらの偽アカウントは、影響工作そのもののの証拠ではなく、影響力があると思わせるための誇張した証拠だった。
ミャンマー、アメリカ、フィリピン、ウクライナ、アラブ首長国連邦、エジプトなどで、メディア、マーケティング、PR会社などの企業が行った影響工作が判明している。2019年5月、ナイジェリア、セネガル、トーゴ、アンゴラ、ニジェール、チュニジアで顧客に代わって影響工作を行ったイスラエルの企業Archimedes Groupを特定し、削除した。また、同社はラテンアメリカと東南アジアでも活動を行っていた。
ロシアの影響工作、"Secondary Infektion"は、300以上のプラットフォームやサービスにまたがっている。フェイスブックのチームは、2019年5月以降、ジャーナリストや影響工作の専門家による独立した調査研究を開始した。ただし、この工作の試みのうち、成功したのは1つの物語だけだった。影響力を行使する際の安全性の改善には、エンゲージメントに関する重大なトレードオフが伴うことがわかった。
オンラインとオフラインの両方で複数のSNSをターゲットにしたオペレーションへのシフトが見られた。経験ある影響工作アクターと新規参入アクターの両方で見られた。複数のSNSで活動をすることで、SNSの取り締りに耐えられるようにしている。また、非常にローカルなプラットフォーム（例：地元のブログや新聞）をターゲットにして、特定のオーディエンスにリーチしたり、セキュリティシステムのリソースが少ない公共の場を狙ったりしていた。

影響工作7つの傾向

傾向	内容
ホールセールから リテールへ	より範囲を絞った小規模の作戦へ変化した。この方法は洗練されており、発見しにくいが、その一方で大きな注目を浴び、広く拡散しにくいという問題もある。フェイスブックがテイクダウンした例でも大きな影響は与えられていなかった。
本物の議論と 世論操作の境界が曖昧化	海外のキャンペーンも国内のキャンペーンも実際の発言を模倣し、実在の人物を利用して自分たちの活動を拡大しようとする。
国内に向けた 影響工作	国内に向けた影響工作。本物の発言と影響工作を区別することは難しい。
パーセプション ハッキング	国民の影響工作に対する恐怖心を煽り、選挙システムの操作が広く行われているという誤った認識を持たせようとする。失敗した作戦が摘発されて公になることで、情報環境の不確実性を高め、影響力の大きさを誇示することもある。
サービスの ビジネス化	国内外で影響力を行使するためのサービスを提供する企業群が存在する。国内外の顧客に影響工作を代行している企業もあり、独自の影響工作を行うためのリソースやインフラが整っていない組織でも、影響工作を行える。こうした企業の存在は、影響工作を行うアクターが自分たちの関与を隠すために使うこともできる。
作戦の安全性の 向上	影響工作にあたって、技術的な難読化や、意図的・無意識のプロキシを使って、自分たちの正体を隠すようにしている。
プラットフォームの 多様化	検知を逃れ、リスクを分散するために、複数のSNS（小規模なサービスを含む）やメディアを標的とし、どれかが停止された場合でも、影響工作を継続できるようにしている。

影響工作への対策

概要	対処
自動検出と専門家による調査の組み合わせ	専門家による手動の調査は規模の拡大が難しいため、既知の問題行動や攻撃者を検出する自動検出システムと組み合わせることにより効率化する。専門家は、洗練された攻撃者や、未知の攻撃による新たなリスクに集中できる。
敵対的デザイン	プラットフォームは、特定の操作を阻止するだけでなく、たとえば偽アカウントの自動検出機能を向上させるなど、攻撃者が効果的に活動を行えないように、防御機能を継続的に改善する。
社会全体での対応	影響工作の対象が１つのメディアに限定されることはほとんどない。各サービスはそれぞれのプラットフォームでの活動しか把握できないため、独立した研究者、法執行機関、ジャーナリストなどが点と点を結びつけることで、効果的な対策を行うことができる。
抑止力の向上	社会全体のアプローチが特に効果的なのは、攻撃のコストを課して、敵対的な行動を抑止することである。たとえば、透明性と予測可能性を利用して、フェイスブック上での活動を発見した場合、影響工作の背後にいる人々を明らかにし、完全に禁止する可能性があることを相手にわかるようにしている。社会的な規範と、本物の声による場合も含めた影響工作やデマに対する規制の両方が、攻撃を抑止し、公共の議論を守るために重要である。

この分野の専門家であり、現在フェイスブックの影響工作分析を担当しているベン・ニモは、2020年9月に、アメリカのシンクタンク「ブルッキングス研究所」から、「THE BREAKOUT SCALE: MEASURING THE IMPACT OF INFLUENCE OPERATIONS」というレポートを公開した。このレポートでは、現場でリアルタイムに影響工作を評価するためのモデル＝ブレイクアウト・スケール（THE BREAKOUT SCALE）を提案している。

このモデルでは、影響するプラットフォームの数と、コミュニティの数の2つを軸に、6つのカテゴリーに分けている。6が最大の脅威となり、その対象範囲によらず緊急の対処が必要とされる。

ベン・ニモのブレイクアウト・スケール

		利用するテーマ	
		利用するテーマ	利用するテーマ
拡散母体	単一SNS	カテゴリー1	
	複数SNS	カテゴリー2	カテゴリー3
	大手メディア		カテゴリー4
	著名人		・カテゴリー5
カテゴリー6　緊急の対処が必要なリスクを生じるもの			

カテゴリー1から3は、比較的わかりやすいので説明は割愛する（レポートには詳述されている）。カテゴリー4は、SNSでブレイクアウトしたコンテンツが新聞など既存のメディアに取り上げられてしまうことである。プロパガンダ・パイプラインあるいはフェイクニュース・パイプラインと呼ばれるものと同じだ。たとえば、イランのオペレーション「Endless Mayfly」は、偽のウェブサイトを作成して、カタールが2020年のワールドカップに向けて準備を進めているという偽の記事を掲載し、ロイターが一時的に報じてしまった。ロシアのIRAは、そのアカウントによるツイートが大手の報道機関で紹介されたことが数多くある。2017年1月、『ロサンゼルス・タイムズ』紙は、スターバックスが難民に仕事を提供することを決定したことに対する反応を伝える記事の中に、IRAの2つの異なるツイッターアカウントのツイートを紹介してしまった。

カテゴリー5は、著名人など影響力のある個人によって作られるブレイクアウト・ポイントである。その代表はドナルド・トランプで、2016年9月28日の選挙演説では、グーグルが「ヒラリー・クリントンに関する悪いニュースを抑えている」と主張し（情報源は「Breitbart」らしい）、ロシアのプロパガンダメディアである『スプートニク』が拡散し、Breitbartを含む親トランプ派のメディアによって増幅された。

カテゴリー6は、緊急の対処が必要なカテゴリーである。たとえば、IRAの作戦は、2016年5月に、テキサス州ヒューストンで相反する2つのデモを組織し、デモ参加者に武器を持参するようアドバイスしたことでカテゴリー6に達した。

このようなサイバー空間における影響工作は始まったばかりである。前述の大西洋評議会やNATOサイバー防衛協力センターではAIの活用など新しい技術による脅威の拡大も指摘されている。フェイスブックのレポートでは、国内に向けての影響工作も多く、単純な数では全体のほぼ半数を占める。

そして、日本も例外ではない。フェイスブックの基準に即すと、影響工作の一環とみなされる活動が2017年の時点で明らかになっている。堂々と国内向けの影響工作要員を募集していたのだ。今後、より広い範囲に広がってゆくことは間違いない。（初出『ニューズウィーク日本版』2021年7月30日　改稿）

デジタル権威主義大国ロシアの監視と国民管理のためのシステム

ロシアは、中国と並ぶデジタル権威主義大国だ。どちらの国も監視システムを持ち、ネット世論操作を行っており、超限戦あるいはハイブリッド戦と呼ばれる軍事・経済・文化などすべてを兵器として利用する戦争を世界に対して行っている。

ただし、ブルッキングス研究所のレポート「Exporting digital authoritarianism: The Russian and Chinese models」によればロシアと中国を比較した場合、次のような違いがある。

・ロシアの監視システム（SORM）は、中国製に比べると監視性能は劣るものの安価で導入しやすい。

・監視機能が劣る部分を法制度などでカバーしている。

・多くは旧ソ連関係国を中心とした近隣国に提供されている。効果的な運用のために法制度もロシアを真似している国もある。

デジタル権威主義国家の特徴のひとつに、デジタル権威主義ツールを他国に輸出することによって仲間を増やし、影響力を増大させることがある。中国もロシアも、デジタル権威主義ツールを関係国に輸出している。その数はすでに110か国に達しており、日本の周囲も中国あるいはロシアのデジタル権威主義ツールに侵食されている。

中国は、デジタル権威主義ツール（監視システム、社会信用システムなど）を一帯一路参加国を中心に輸出、展開している。同様に、ロシアはユーラシアを中心に輸出しているのである。

ロシアの監視システムは、SORM（System of Operative-Search Measure もしくは System for Operative Investigative Activities）という名称で、ロシアの包括的な通信傍受システムとなっている。いわば、ロシア版のPRISM（アメリカ国家安全保障局の大規模傍受システム）である。アメリカ国家安全保障局（NSA）の大規模傍受システムPRISMになぞらえて、ロシアのPRISMと呼ばれることもある。

SORM－1（1995年、通信事業者に監視のための機器を設置させ、電話とメール、ウェブ閲覧を監視）、SORM－2（1998年クレジットカード情報、2014年SNSも対象となる）、SORM－3（2015年インターネットプロバイダに装置を設置）

と進化してきた。

ロシアでは政府による傍受を認める法制度が成立しており、ロシア連邦保安庁（FSB）は、ほぼ自由にこうした情報をインターネットプロバイダに設置した装置を介して取得することができるようになっている。インターネットプロバイダに装置を設置している以上、そこを通る情報はそのままロシア政府に把握される。

だが、SORMは暗号化された通信を自動的に復号できるわけではないので、通信傍受を嫌う人々は暗号化メッセージングアプリTelegramを利用するようになった。

2016年4月30日、調査報道の「ベリングキャット」によると、ロシア規制当局はTelegramへのアクセスを止めようとさまざまな手を打った。1800万のIPアドレスをブロックしたため、銀行、交通機関、ニュースサイトなど多数のサービスに支障をきたすという事態を招いてしまったこともある。また、SORMで携帯電話のSMSを傍受して、Telegramの本人認証のSMSを傍受し、侵入を試みた形跡もある。しかし、Telegramはさまざまな方法でブロックを回避し、今でも利用されている。

Telegramと並んでTor（匿名化してネットにアクセスできる）もよく使われており、こちらもロシア政府は匿名化を破る方法を探っていた。しかし、その研究を請け負った業者がハッカーに攻撃を受けて、プロジェクトに関するデータが暴露されるという事件が起きた（BBC、2019年7月19日）。今のところ、「Tor も破られていない模様だ。

ロシアでは、中国のように自由主義国のSNSへのアクセスを遮断したり、包括的な検閲を行ったりはしていなかった（主としてコストがかかるため）。中国に比べて技術や予算で劣るロシアの監視システムを支えているのは法制度である。法制度による強制や自主規制によって、SORMの効果的な運用を可能にし、ネット上で言論統制を図っている。

なお、すでに別項で書いたようにロシアも中国のような閉鎖ネットを進めていることがわかっている。

そして、すでに述べたように、SORMはロシア国内用の監視システムであるが、海外への輸出も行っている。「The Worldwide Web of Chinese and Russian Information Controls」（Open Technology Fund　2019年9月17日）によれば、28か国に輸出しており、そのうちCIS諸国が7か国を占め、それ以外の多くはグローバルサウスである。

たとえば、ベラルーシはAnalytical Business Solutions社からSORM風システムを導入し、法制度もロシアのものを真似た。カザフスタンはVAS Experts社から監視装置を、iTeco社から監視システム、SORM技術をMFI-Soft社とProtei社、フォレンジック（デジタル鑑識）ツールをSpeech Technology Center社、モバイルフォレンジックツールをOxygen Software社から導入した（いずれもロシア企業）。ウクライナやウズベキスタンもSORMを導入している。また、システムだけでなく、その効率的な運用のためにロシアの法制度を真似るベラルーシのような国も少なくない。

ただ、SORMの運用については問題も多い。キルギスタンでは導入したシステムにバックドアがあり、情報がロシアに流れていたという騒動があった。2019年にはロシアの通信事業者Mobile TeleSystemsと契約していたノキアから、SORMに関する文書を含む大量の情報が流出する事件や、インターネットプロバイダに設置したSORMの通信傍受装置30台からデータが漏洩する事件が起きている。

また、前出のブルッキングス研究所のレポート「Exporting digital authoritarianism The Russian and Chinese models」によれば、ロシアではSORMに加えて、監視カメラを設置した「セーフシティ」を2015年から展開している。2012年から2019年にかけて、ワールドカップ開催都市を「セーフシティ」にするため推定28億ドル（約3兆5000億円）の予算を投じた。モスクワ市内には17万台の監視カメラが設置され、そのうち少なくとも10万5000台はロシア企業NTechLabsのシステムを搭載している。顔認証、物体認識システムを搭載した監視カメラから自動的に情報を収集している。

この顔認証システムは、コロナの自主隔離の確認にも使用されており、韓国からロシアに帰国した住人が、14日間の自主隔離期間中に一度外出したところ、顔認証システムですぐにばれて警察の訪問を受けたエピソードをABCニュースが紹介している。報道によれば、10秒以内に顔認証で相手を特定できるという。また、このシステムで、コロナの濃厚接触者の追跡も行っている。

ロシアは中国に大きく後れを取っているAIの分野への投資も盛んに行っており、AIを用いて犯罪を予知し、体制に対して潜在的な危険人物を裁くことも視野に入れている。

余談であるが、前掲の「The Worldwide Web of Chinese and Russian Information Controls」

の巻末には、世界各国にデジタル権威主義のためのツールを販売している中国およびロシア企業のリストや輸出先の国の一覧などが付いている。関心のある方には参考になると思う。

また、国民管理システムの面でも、中国では国民管理システム＝社会信用システムが広く普及し、統合化されつつあるのに対して、ロシアは遅れている。

２００２年のメドベージェフの時代に、政府のデジタル化（eGovernment policy）に着手したものの、あまり成果は上がらなかった。その後、２００９年に、政府のポータルが構築され、２０１３年までに認証システム（Single System of Identification and Authentication＝ＥＳＩＡ）が整備され、地方を含めたシステム（Single Portal of State and Municipal Services＝ＥＰＧＵ）となった。２０１７年までに７０００万人を超える人々がＥＳＩＡにしたという（Digital Soviet Union、National Defence University Series 1: Research Publications No. 40）。

その後、ロシア連邦警護庁のRSNetやUnified Data Network（ＥＳＰＤ）、Upravlenie など

を経て、2019年にNational System of Information Management（NSUD）に統合化されることが発表された。

NSUDは、ロシア政府の各組織が保有する情報を統合化したシステムであり、そこには政府や自治体のみならず、企業および個人の資産などの情報も含まれる。800以上の国家システム、登録簿、データベースを体系化するプラットフォームとなる。

NSUDの詳細ならびに監視システムとの連携方法などについては、まだ明らかではない。しかし、その向かう先が、以前紹介した中国の社会信用システムであり、それもまたCIS諸国を中心に輸出され、情報インフラとなる可能性は高い。（初出『ニューズウィーク日本版』2020年8月14日　改稿）

第4部

民主主義の顔をした権威主義

民主主義の顔をした権威主義

民主主義の危機あるいは衰退が叫ばれて久しい。民主主義の指標として知られるイギリス、エコノミスト誌『Intelligence Unit』の「民主主義指数」と、スウェーデンのV-Dem研究所の最新版では、いずれも民主主義の後退が確認された。民主主義指数は、「市民の自由」、「政治文化」、「政治参加」、「政府の機能」、「選挙プロセスと多元性」の5つの尺度で計測しているが、政治参加以外のすべての項目でほぼずっと16年間減少傾向にある。政治参加は、抗議活動などのデモも含まれるため、他の項目の悪化が後押しした可能性も指摘されている。

民主主義指数では、統治形態を完全な民主主義（Full democracies）、瑕疵のある民主主義（Flawed democracies）、ハイブリッド体制（Hybrid regimes）、権威主義体制（Authoritarian regimes）の4種類に分類しており、2022年2月10日に公開された2021年のレポートでは、民主主義（完全な民主主義、瑕疵のある民主主義）国家は、国の数でも人口でも過半数を割り、権威主義国が59か国と世界最多となった。

V-Dem研究所では統治形態を、自由民主主義（Liberal Democracy）、選挙民主主義（Electoral Democracy）、選挙独裁主義（Electoral Autocracy）、完全な独裁主義（Closed Autocracy）の4つに分けている。2022年のレポートでは、自由民主主義国（Liberal Democracies）は2012年の42か国をピークに減り続け、34か国となり、世界人口の13%になった。これは、1989年のレベルに戻った形だ。

閉鎖独裁主義国（Closed Autocracies）は25か国から30か国に増え、世界人口の26%となった。独裁主義も閉鎖独裁主義と選挙独裁主義（Electoral Autocracy）の2つに分けられており、選挙独裁主義国は世界人口の44%を占め、34億人を擁している。EUの20%（27か国のうち6か国）が独裁化した。

政府によって表現の自由が著しく悪化した国は35か国。10年前はわずか5か国だった。また、悪しき二極化が進んだ国は32か国あり、前年の5か国から大幅に増加した。レポートでは10年前とは別世界と表現している。

V-Dem研究所では、選挙民主主義から選挙独裁主義への移行パターンを次のように解説している。

1：選挙によって政権を取る。

2：メディアと市民社会を弾圧する。

2：社会を分断する。

4：敵対者を貶める。

5：選挙をコントロールする。

特筆すべきは、独裁化へ移行した4か国が、暴力的手段によってなされていたことだ。21世紀に入ってからクーデターの発生件数は年間1・2回だったことを考えると大幅に増加している。これまでの統治形態の変更は、『民主主義の死に方―二極化する政治が招く独裁への道―』（新潮社）や197ページ「『怒り』と『混乱』と『分断』でネット世論操作が醸成する政権基盤」の項で取り上げたような、「選挙によって選ばれた権威主義的政治家」が権威主義化を進めることで実現していた。

この手順だと、選挙民主主義から選挙独裁主義への移行はシームレスに行われ、国民の多くはその変化に気づかないかもしれない。イスラエルの歴史学者ユヴァル・ノア・ハラリが言ったように、「我々が住んでいるのは民主主義国家なのか、権威主義国家なのか？もし我々が1930年代のドイツやイタリアにいたなら、なんの疑問を持たずに答えられた。現代の権威主義は民主主義のように見せかける」なのだ。

ところが、2021年はそれとはっきりわかる暴力的方法での統治形態移行が増加した。

選挙民主主義と選挙独裁主義の垣根は曖昧であり、それを利用して権威主義化は進む。この変化が容易に進むのは、民主主義には理念と実装（法、制度、運用体制など）に乖離《かいり》があるためではないかと考えられる。民主主義の理念については、ほとんどの国で一致している。国民主権、言論の自由などの基本的人権、平等などだ。そして実装でも多くの国は似通っている。憲法があり、法律があり、行政組織がある。似ているのは、他の国が始めたものを自国用にアレンジしていることが多いためだろう。

しかし、民主主義の実装には論理的あるいは科学的根拠がないものがほとんどだ。たとえば、代表者に権力を委託する間接民主制では選挙はもっとも重要な要素だが、投票方式や在任期間などについて継続的に科学的に分析、整理し、実際の制度にフィードバックする仕組みを確立している国は私の知る限りない。現在ほとんどの国で行われている選挙には論理的、科学的な裏付けはなく、「文化的奇習の一種」(『多数決を疑う——社会的選択理論とは何か』岩波書店)でしかない。

選挙や制度は、学術分野としては社会的選択理論やメカニズムデザインと呼ばれる領域である。国内外に研究者も存在するのだが、実際の選挙にその知見が反映された例はわずかで、先進諸国では皆無と言っていいだろう。意図的に理念と実装の間の溝を放置してきたかのようにすら見える。

理念と実装の間をつなぐものがないために、民主主義を毀損する実装も簡単に許してしまう。たとえば、選挙独裁主義の国家では、フェイクニュース対策の名目で言論の弾圧を行うことが常套手段になっている。法律は国会で審議されるが、それを運用する行政組織は国民が選挙で選んだ職員がいるわけではない。国民の代表者には任期があり、継続して執務を行い、知見を蓄えられるとは限らないという問題があるので、多くの場合、行政の運用は国民の代表中心には行われなくなる傾向がある。

理念と実装に乖離があるおかげで、クーデターを行わずとも、選挙民主主義の国の選挙で勝って選挙独裁主義向きの制度や組織を導入するだけで選挙独裁主義に移行できる。ハラリが述べたように、以前は理念も実装も異なっていたから、すぐに違いがわかった。今は表向き同じ理念を掲げているから移行は容易であり、わかりにくいのだ。

理念と実装に乖離があるのは利点にもなる場合もある。たとえば、「自由で開かれたインド太平洋」に権威主義化の進んでいるインドが参加できるのは、民主主義的理念をお題目として唱えれば、それで問題なしとしているからだろう。理念と実装がきっちり結びついていたら、権威主義化の進むインドとは手を組みにくいし、少なくとも「自由で開かれた」とは言えない。独裁主義が理念を偽装できるように、民主主義でも理念の偽装を許容できる（望ましいこととは思えないし、果たして民主主義の枠内に収まるのか懸念はある）。

皮肉で言っているのではなく、対中国だけを考えるなら効果的だろうと考えている。そして、民主主義であるか否かの境界を曖昧にしておけば、必要に応じていくらでも参加国を増やすことができるのだ。

こうした曖昧さは、これまでも民主主義を助けてきた。前掲の『民主主義の死に方—二極化する政治が招く独裁への道—』では、アメリカの民主主義は制度や法律ではなく、政治家の良識と寛容という「柔らかいガードレール」によって守られてきたと指摘している。よく言えば柔軟、悪く言えば行き当たりばったりの論理性のない世界で民主主義は「大義」として生き延びてきた。中国とアメリカという対立図式が続く間は、繰り返し「民主主義の危機」を政治の文脈の中で都合よく使ってゆくことになるのだろう。

しかし、この方法には大きな落とし穴がある。すでに選挙独裁主義と独裁主義、権威主義は世界の多数派となっている。この傾向は今後も続く可能性が高い。中国の一帯一路参加国の人口も世界の半分を超え、GDPも超えるだろう。そうなれば経済便益のために、選挙民主主義から選挙独裁主義に移行する国は増えるだろう。民主主義のゼロデイ脆弱性を放置することは、世界の多くの国が選挙独裁主義に移行する危険性を孕んでいる。それを防ぐためには、新しい形の民主主義＝理念と実装の乖離をなくした社会の創造が不可欠である。（本稿は2021年3月27日、28日に、埼玉大学国際シンポジウム「パンデミック時代における科学技術と想像力」の基調報告として発表した内容のうち、現状整理の部分を膨らませたものを、初出である『ニューズウィーク日本版』2020年8月14日の記事用にまとめたものである。なお、書籍収録に際して、一部を改稿し、各数値なども最新のものに変更してある）

アメリカの政策変更が招いた民主主義の衰退

近年、さまざまな形で民主主義の危機が叫ばれている。具体的にはどういうことなのかを整理してみたい。

最近では『歴史の終わり』で有名なフランシス・フクヤマ教授らの論考「How to Save Democracy From Technology」が公開された。主としてSNSが民主主義に与える悪影響に焦点を当てて対策を提案していた。

2020年10月21日に刊行された『民主主義とは何か』（講談社）では、序で民主主義の危機として、「ポピュリズムの台頭」、「独裁的指導者の増加」、「第四次産業革命とも呼ばれる技術革新」、「コロナ危機」を挙げていた。

2020年3月12日のEUの民主主義行動計画（European Democracy Action Plan）では、民主主義、法の支配、基本的人権をEUの基盤と位置づけ、それを守るためにネット世論操作、メディアの自由と多様性の維持、公正な選挙、市民社会、EU外からの干渉などの克服を課題として挙げ、克服するための具体的な計画を整理した。

はっきりと中国（場合によってはロシアも）を名指しし、その台頭が民主主義を脅かしているという論法の資料も少なくない。変わったところでは、中国とロシアが行っている戦略的な腐敗（汚職）が、世界的に拡散していることが、民主主義を腐らせているというレポート「The Rise of Strategic Corruption」（『Foreign Affairs』2020年7月8日号）もある。

民主主義の危機への対処のため、中国に対抗するためのアライアンスも動き出している。イギリスが主導するデモクラシー10（D10）や、テクノロジー10（T10、場合によってはT12）および、「自由で開かれたインド太平洋戦略」が有名だ。

ただし、これらのアライアンスは、対中国の色合いが強く、民主主義はお題目に過ぎないように見える。たとえば、D10にインドが含まれていることを問題視する有識者もいる。

『The Guardian』の記事、「Boris Johnson to visit India in January in bid to transform G7」でもそのことが指摘されていた。元イギリス外務大臣の言葉として「同盟に引き込みたいと思う国のほとんどは民主主義国ではない」が紹介されており、こうしたアライアンスの難しさを感じさせる。

インドでは、民主主義の後退がはっきりと確認されており（「Freedom in the World 2020: A Leaderless Struggle for Democracy」Freedom House　２０２０年2月）、ナレンドラ・モディ首相はポピュリストと呼ばれることも珍しくない。すなわち、インドが参加する他のアライアンスも同じ問題を抱えていることになる。

こうした資料の中で、スタンフォード大学フーヴァー研究所のラリー・ダイアモンドのレポート「Democratic regression in comparative perspective: scope, methods, and causes」は、包括的に民主主義の危機を整理しており、参考になる。特に代表的な3つの民主主義指数（Freedom Houseの指数、V-Demの指数、エコノミスト誌のIntelligence Unitの民主主義指数）を取り上げて比較分析した上で、指数的にも民主主義の後退は明らかであることを示しているのは他の資料にはない特徴になっている。ラリー・ダイアモンドはこのレポートで、その原因を次のように整理している。

・**政治規範と制度**（Political norms and institutions）：民主主義と相性のよい国民性や文化。政治制度、メディア、法の支配の後退。

・**権威主義的権力の技術**（Political craft）：反民主主義的な勢力の技術の向上。たとえば、エリートや部外者（移民、特定の人種、国など）への恐怖と敵意を煽り、感情的に反応させる技術、民衆と直接関係を結びつき、民衆を引きつけるカリスマ性などを挙げている。

・**国際環境の変化**（International context）：過去においては、アメリカとヨーロッパによる民主主義の振興が民主主義拡大の大きな要因だった。特に唯一の超大国となったアメリカの影響は大きかった。アメリカが民主主義の振興に積極的でなくなったことは、後退の大きな要因のひとつとしている。

・**国際的な社会経済的変化**（Global socio-economic trends）：21世紀に入ってから、4つの相互に関連する大きな変化があり、いずれも長期的に民主主義への信頼を揺るがす要因となった。民主主義を先導していたアメリカとEUへの信頼低下は深刻だ。

・**ロシアと中国の台頭**（Russian rage and Chinese ambition）：ロシアと中国はいずれもシャープ・パワー（権威主義国家が、半ば強引な手段を用いて対象国の政治システムに影響を与えて自国に有利なように誘導する外交戦略）を使って世界への影響力を拡大している。

これらの資料に共通して見られる民主主義後退の要因をまとめると、第4次産業革命——特にSNSの影響拡大、選挙の信頼の毀損、海外からの干渉、中国の台頭、アメリカの民主主義振興努力の後退などになる。

また、これらの資料のいくつかは歴史的な民主主義の興亡にも言及している。その内容を大まかに整理すると、次のようになる。

・1980年代半ばまで、世界の多数が民主主義になるとは誰も予想していなかった（前出「Democratic regression in comparative perspective: scope, methods, and causes」）。そもそも民主主義が理想的なものとは考えられていなかった。

・2000年代まで世界各国で民主化が進み、2006年が民主主義のピークとなった。
・2006年以降、民主主義の後退が始まった。
・民主主義の後退は加速しており、コロナによりさらに速まっている。

民主主義が世界の主流となった背景には、世界のパワーバランスと大国の外交政策があった（具体的にはアメリカ）。そして、アメリカの外交政策が世界的な民主主義振興から後退したことが世界的な民主主義の後退の要因になっている。もちろん、アメリカの意向によって追随する諸国の外交政策が変化することも影響している。アメリカの超党派組織「外交問題評議会（Council on Foreign Relations＝ＣＦＲ）」のレポート、「Addressing the Effect of COVID-19 on Democracy in South and Southeast Asia」には、アメリカ・オーストラリア、日本が、2010年代に入ると中国以外の反民主主義勢力にほとんど注意を払わなくなったことが指摘されている。

民主主義と資本主義の関係も影響している。民主主義と資本主義は、初期の成長段階においては相性がよいが、ある段階を過ぎると資本主義は民主主義に悪影響を及ぼし始める。

特に金融資本主義ではそうだ。所得によって政治参加の機会が限定されるのが代表的な例だ。民主主義を先導してきた欧米、日本などはすでにこの段階に達しており、民主主義は内部から弱体化されて、外交政策にもそれが反映されている。

さらに、民主主義の維持・発展に必要とされる、「所得」、「教育」、「民間セクターの成長」、「中間層の増加」、「民主主義価値観」などを欠いている地域にまで民主主義が広がっていたことが、民主主義の後退に拍車をかけた。こうした地域では民主主義の後退が起こりやすい。

アメリカの影響を大きく取り上げているのが、「ASD（Alliance for Securing Democracy)」の「Linking Values and Strategy: How Democracies Can Offset Autocratic Advances」である。ASDは、超党派のシンクタンクである米国ジャーマン・マーシャル財団中の一組織であり、アメリカの安全保障組織と関係がある。その活動は対ロシア、対中国に関するものが多い。

このレポートも、対中国、対ロシアに焦点を当て、政治・経済・技術・情報の各分野にわたって、現在アメリカが直面している課題を整理し、対策をまとめている。いわば、不本意ながらも現在の中国の影響力の大きさを認め、その上で対処方法を考えている。

ASDのレポートは、「アメリカは民主主義国家である。そして、民主主義は、短期的に権威主義よりも経済あるいは技術革新で劣ることはあっても長期的には必ず優位に立つ」という前提に立っている。そして、全編を通して、「オープンで公正な我々と、秘密主義で不公正な中国とロシア」という視点に立っている。

他の資料も程度の差こそあれ、こうした考え方に近いものが多いが、いずれも「民主主義の危機」を訴えている。それでは、「民主主義の危機」とは何なのだろう？

大まかにまとめるとこうなる。民主主義は、主としてアメリカによって理想的な制度と認識されるようになり、アメリカを中心とする各国が２０００年代頭まで振興を続けた結果、世界の主流となった。しかし、その後アメリカは、民主主義の振興から手を引き始める。これにＳＮＳの普及や中国の台頭、ポピュリストの台頭などが加わり、世界的に民主主義国の数やスコア（民主主義指数）は減少し、２００６年以降民主主義の後退が始まった。資本主義が充分に発達し、金融資本主義へと移行し、民主主義に悪影響を与え始めたことも要因のひとつだ。コロナによってさらに後退は加速している。

　後退の原因のひとつがアメリカの外交政策の変化にあったこともあり、アメリカの民主主義の再生と対中国政策を中心とする民主主義再生策が提案されることが多い。

民主主義の危機

<table>
<tr><th>1990年代</th><th>2000年代</th><th colspan="3">2006年〜</th></tr>
<tr><td colspan="2" rowspan="6">世界的に
民主主義国が増加
アメリカを中心としてヨーロッパ各国やオーストラリア、日本などが民主主義振興を行った。

ソ連が崩壊し、アメリカが唯一の超大国となる。

民主主義の維持、発展に必要な国内条件が備わっていない国も民主化された。

経済発展とともに資本主義の悪影響が拡大。</td><td rowspan="6">ピーク</td><td rowspan="6">後退の始まり</td><td>第4次産業革命特にSNSの影響拡大
ネット世論操作の拡大、監視資本主義の発展、政府監視の強化など。</td></tr>
<tr><td>選挙の信頼の毀損
経済社会的変化により民主主義や選挙への疑念、不信感が広がっている。ネット世論操作も一因。</td></tr>
<tr><td>海外からの干渉
中国やロシアによるハイブリッド脅威により、民主主義国内部に反民主主義勢力が拡大するなどの影響。</td></tr>
<tr><td>中国の台頭
大国となった中国は一帯一路で非民主主義国の多くを自陣営に引き入れ、国際影響力を拡大。国際的アライアンスでは特に対中国が重要視されており、非民主主義国も巻き込んでいる。</td></tr>
<tr><td>アメリカの民主主義振興努力の後退
2006年までの民主主義の広がりがアメリカと関係国の振興による効果も大きかったため、振興努力の後退が民主主義の後退の一因となった。</td></tr>
<tr><td>コロナの影響
緊急事態であることを理由に権限を集中し、国民の自由と権利を制限。恣意的な逮捕、拘留などがやりやすくなった。しかも期限を設けていないことが多い。</td></tr>
</table>

例外的に、前掲のフランシス・フクヤマ教授らの論考「How to Save Democracy From Technology」では、「ミドルウェアによる解決」が提案されている。法律によってフェイスブックやグーグルに彼らのデータにアクセスできるAPIの提供を義務づけ、サードパーティー開発のミドルウェアがそのAPIを通して利用者に独自の表示順序、ラベリングなどの編集を行った上でコンテンツを提示できるようにする。こうするとSNS企業は莫大な利用者の個人情報の独占的利用ができなくなる上、利用者との直接の接点を失って優位性が揺らぐというわけだ。SNS企業が民主主義後退の大きな要因としていることからの発想である。

実際にはもっと考えなければならないことがある。たとえば、今回取り上げたほとんどの資料が、民主主義の定義について言及していなかった。正確に言うと、EUの民主主義行動計画のみ具体的な記述があるだけだ。これは非常に奇妙で、論理的に破綻している。なぜなら、問題の認識と対策には「あるべき状態」あるいは「目標」が不可欠のはずで、それがなければ具体的になにがどう問題なのかわからないし、当然対策も立てられない。また、SNSの普及は、これらの資料が指摘している以上の影響を与えている可能性がある。金融資本主義から監視資本主義へと移行した場合の影響評価も必要だ。民主主義に資本主義が悪影響を与えているとして、どちらを優先すべきか、どこまで許容すべきなのかという問題もある。

網羅的に考慮すべき要因を洗い出し、整理した上で民主主義のあり方を考える必要がある。

おそらく、もっとも重要な課題は、民主主義の基本理念の見直しであろう。自由、平等、政治参加、公正さといった基本理念は国を超えて共有できる。この基本理念そのものの見直しが迫られている。（初出ニューズウィーク日本版２０２１年3月23日　改稿）

第5部

ウクライナ侵攻は民主主義の転換点となる

崖っぷちの民主主義

ここまでお読みくださった方にはおわかりいただけると思うが、今回のウクライナ侵攻は、グローバルサウスが世界の多数派を占め、国際規範などがグローバルサウスによって変わりつつある中で起きた事件である。そして2021年から顕著になった「暴力」によって現状の変更を行う傾向がより先鋭的な形で現れたものと言える。

これまでのグローバルノースの報道や世論を見ると、ロシアは劣勢でグローバルノースの民主主義が力を集結しているように見える。しかし、それはあくまでもグローバルノースの視点にしか過ぎない。経済制裁はグローバルノース各国の経済を直撃し、今後に大きな課題を残すことになるだろう。ロシアからグローバルノースの企業は撤退したが、同じように中国やインドからも撤退できるのだろうか？　あるいは、グローバルノース主導の経済制裁に参加しなかった国から撤退し、ＳＷＩＦＴからそれらの国々を排除できるのだろうか？　仮にできたとして、少数派であるグローバルノースの国だけの経済圏や資源で足りるのか？　その中だけの国際送金システムに意味はあるのか？　我が国を考えても、中国やアジア圏なしに経済が立ちゆくとは到底思えない。

こうした背景を踏まえて、2022年4月4日、CFR（外交問題評議会）の外交誌『Foreign Affairs』に「The Fantasy of the Free World: Are Democracies Really United Against Russia?」という記事が掲載された。今回のウクライナ侵攻で、民主主義国が結束を強めた、あるいは強めるべきだという論が、同誌をはじめとして、さまざまな場所で散見されることへの反論となっている。

結論は、民主主義の結束を強めた、あるいは強めるべきだ、というのはファンタジーであって、現実に起こるのは、民主主義陣営が分断され、アジア諸国の自立を促進することになるだろうというものだ。

記事の内容を大まかにまとめると次のようになる。

「3月2日の国連総会でのロシア非難決議採択という結果をもって、反ロシアで団結していると考えるのは早計だ。まず、インドや南アフリカをはじめとする民主主義陣営は棄権した。中南米の国々も、賛成票を投じこそしたが、経済制裁には参加していない。一方で、アジア・アフリカ諸国の半数近くが、この決議に棄権または反対票を投じた。そして、米国とEUの対ロシア制裁に全面的に参加しているアジアの国は、日本、シンガポール、韓国の3か国だけである。

結束が強まったのは西側諸国だけで、アジアはそこに含まれていない。すでに地政学的重要度はヨーロッパからアジアに移っており、世界は、中国を軸にどのような均衡を実現すべきなのかということを模索している」（ちなみに、筆者は、西側というよりはグローバルノースと言った方が実態に即している気がする）。

そもそもアジアは、ベトナム戦争やイラク侵攻、その他の代理戦争で今回のウクライナ侵攻のような事態を何度も経験している。そのため、驚きをもって今回の侵攻を受け止めたのは欧米だけだという記事の指摘はまったくその通りで、本書の第1部第1章で書いた「見えていない」世界だったというだけの話である。

今回の戦争は、アジアには深刻な影響をもたらさない可能性が高く、むしろ欧米との亀裂を深め、アジアの自立を加速する可能性が高い。また、ヨーロッパもアメリカへの依存を減らし、戦略的自立性を高めることになる、と記事は結んでいる。

今後の日本の立ち位置の難しさをあらためて思い知らされるような結論である。日本はアジアであってグローバルサウスではなく、グローバルノースであって欧米ではない数少ない国だ。しかも資源も豊富ではない。

ウクライナ侵攻は新しい時代の幕開けかもしれない

民主主義の前提は経済的豊かさである。グローバルノース各国が進めたアフリカ諸国の民主化の多くが失敗に終わった理由もそこにある。ポール・コリアーの『民主主義がアフリカ経済を殺す』（日経BP）は、それを検証した貴重な資料だ。

『Foreign Affairs』の2022年3月4日号に掲載された「Why Democracy Stalled in the Middle East」では、中東に民主主義が根付かなかった原因を分析している。「アラブの春」当時＝2010年から2011年にかけて、超党派的研究ネットワークである「アラブ・バロメーター」が調査したアラブ10か国のうち8か国では、回答者の70％以上は民主主義が最良だと回答していた。しかし、一般のアラブ人が経済的な尊厳を求め、それを提供できる統治システムを求めているにもかかわらず、民主主義はそれを提供できなかった。そのため、「アラブの春」以降、民主主義から権威主義への揺り戻しが起きた。そして、アメリカが中東に目を向けなくなったため、中国は経済、ロシアは軍事面で中東に近づいてきた。

記事では、中東に民主主義が根付かなかった理由は、経済的な困窮と指摘し、この点が解決されない限り民主主義が根付くことはないとしている。

中東やアフリカでは、文化的なことを民主主義が根付かない理由として挙げられることもあるが、ポール・コリアーも『Foreign Affairs』を出しているCFRも、それ以上に経済なのだと語っている。

しかし、正直今から総合的な支援を行って間に合うだろうか？　という疑問がある。もう少し時間が経てばアメリカがGDP世界1位を中国に明け渡し、インドが世界3位になろうとしている。権威主義国家を上回る経済支援を行おうというのは無理がある。少なくとも継続的に行うのは難しい。

しかも、コロナとウクライナ危機によって、世界経済は大きな痛手を被っている。人は経済的に困窮すれば容易に民主主義を捨てることは歴史が示している。むしろ、現在の民主主義陣営の国が権威主義化する可能性が大きくなっていると考えたほうがよいだろう。

また、欧米諸国のウクライナへの対応は、グローバルサウスで起こった同様の危機とは明らかに異なる。このことはグローバルサウスが、「欧米への不信感」を募らせるのに充分だった。同様に、欧米のメディアと著名人が作り上げた国際世論に対しても抵抗を感じていたはずだ。

ウクライナ危機は、欧米のグローバルサウスへの差別をあまりにもわかりやすい形で見せつけ、経済的不利益を与えたことで、権威主義化を加速させる可能性がある。少なくとも、グローバルノースの民主主義を信じる者は大幅に減っただろう。そもそも、中東でアメリカがやってきたことを、彼らの視点から見たら、民主主義国家と思わなくてもおかしくないかもしれない。

2022年3月26日に、デイリー新潮に掲載された「ウクライナ侵攻でもロシアは国際的に孤立していない……新経済秩序が構築される可能性も」という記事は、いささか煽り過ぎな気もするが、日本では珍しくグローバルサウスの反応を取り上げていた。（一田和樹note　3月28日）

グラデーションの世界

しかし、世界全体が権威主義に染まったり、かつての冷戦のように分断されたりする可能性もそれほど高くないだろう。そもそも、すでに書いたように、権威主義国と民主主義国の境界は曖昧になっており、どの国も民主主義を標榜できる。そこにははっきりした区別はなく、グラデーションがあるだけだ。

かつての冷戦時代には、西側と東側ははっきり分かれており、交流は限定的だった。しかし、今回のウクライナ侵攻が如実に示したように、ロシアと西側、あるいはグローバルノースの国々との接点は非常に多い。中国はもっと多い。

さらに、イギリス首相ボリス・ジョンソンは、権威主義国がひしめく中東に飛んで協力を要請した。アメリカとインドの２＋２会合では、インドがロシアから急に距離を取るようなことはないことが確認され、日本からウクライナ周辺国への支援物資の積み込みのための自衛隊機の受け入れは拒否された。自由で開かれたインド太平洋戦略あるいはクアッドの実態も、やはりグラデーションだ。インドはその時々に応じてどちらの立場も取るだろう。

日本もウクライナを支援し、ロシアを非難する一方で、ミャンマーの軍事政権の国軍に軍事訓練を行っている。グラデーションな状態は、時と相手によって対応が変わるのだ。

アジアであってもグローバルサウスではなく、グローバルノースであっても欧米ではない日本の立ち位置はますます難しくなりそうだ。

タリバンのネット世論操作高度化20年の軌跡

最後に、現在アフガニスタンを支配しているタリバンが、ネット世論操作を高度化していった過程をご紹介したい。ここでタリバンの相手となっているアメリカは、今のロシアのように見える。

２０２１年夏、タリバンの攻勢が強まるにつれ、ツイッターでのプロパガンダ活動も活発になっていった。デジタル・フォレンジック・リサーチラボのレポート「As the Taliban offensive gained momentum, so did its Twitter propaganda campaign」は、タリバンのスポークスマンであるZabiullah Mujahid（@Zabehulah_M33）のツイートのエンゲージメントが、8月15日のカブール制圧でピークに達したとしている。40万人以上のフォロワーを持つこのアカウントに対するエンゲージメントは、「いいね！」やリツイートだけではなかった。ツイートの74％は他のツイッターアカウントに「copypasta」（コピペ）されていた。「copypasta」のほとんどは1～2分以内に行われており、自動的にツイートされたものである可能性が高い。

タリバンは、ＳＮＳ企業のテイクダウンを回避することに精通しており、「copypasta」を多用するのもそのひとつと推測されている。スポークスマンのアカウントが停止されても、ツイートが残るようにするためだ。また、ハッシュタグを多数使い、ツイッターのトレンドに入りやすくするテクニックも弄していたという。

タリバンのＳＮＳは20年前に比較すると、はるかに高度になった。複数のＳＮＳを協調させてプロパガンダを増幅し、ポジティブなイメージを広げようとしている。

さらに、ＳＮＳを通じて、世界への影響力を強める可能性も『Forbes』などで指摘されているが、ＳＮＳ企業はタリバンをサービスから排除すべきか否かという課題に直面している。対応が後手に回る中で、すでにさまざまな影響が出始めている。

タリバンの勝利は、さまざまなところに波紋を広げている。そのひとつが極右などの過激派の活性化だ。

『BuzzFeed News』やデジタル・フォレンジック・リサーチラボおよび『ワシントン・ポスト』によると、タリバンのアフガニスタン征圧は、ネオナチや極右ユーチューバー、右派のプラウドボーイズ、ホワイトナショナリストなどから賞賛され、「我々ももっと大きなことができるはずだ」といった過激派の野望に火をつけた。

デジタル・フォレンジック・リサーチラボによれば、タリバンと過激派の主張は、女性への差別、ＬＧＢＴＱへの敵意、中絶への反対、原理主義的な宗教政府への支持など、いくつかの点で一致している。どちらも、欧米の社会的進歩が文化や政治の堕落の原因であると考え、その原因を作った民間や政府の団体および人物に対して深い恨みを抱いている。『BuzzFeed News』の記事によると、これらの過激派グループは、タリバンの成功を勧誘や組織化に利用している。勧誘のターゲットは、アメリカの退役軍人や請負業者である。アフガニスタンでのアメリカの撤退に不満を抱いている一部の者を狙っているという。

アメリカ国土安全保障省は2021年8月13日の段階で、「Terrorism Advisory System (NTAS) Bulletin」をリリースし、こうした動きに対して警告を発している。

アフガニスタンの安定化にとって、「情報」が重要であることはすでに2001年の段階でわかっていた。アメリカのブルッキングス研究所は、2001年10月23日に「Winning the War of Words: Information Warfare in Afghanistan」と題するレポートを公開し、軍事力による征圧よりも情報環境を整備し、テロ組織の情報戦を排除することが重要であると述べている。しかし、その後、実際に起きたのは、アメリカではなく、タリバンの情報戦能力高度化と影響力増大だった。

タリバンのSNS利用の高度化について、アメリカのシンクタンクである大西洋評議会がいくつかの記事を公開している。そのひとつ「How the Taliban did it: Inside the 'operational art' of its military victory」（2021年8月15日）では、タリバンが取った戦法を4つ挙げている。「アフガン軍の孤立化」、「情報戦と脅迫による結束力の毀損」、「暗殺による死の恐怖」、「交渉による時間稼ぎと軍事力の抑制」である。

この4つを、より効果的に実行するための基盤となったのが、SNSを使ったネット世論操作である。記事でもタリバンがロシア風のネット世論操作を仕掛けていたとしている。同じく大西洋評議会の「Before the Taliban took Afghanistan, it took the internet」では、タリバンのSNS利用の高度化を3つの時期に分けて整理している。初期のデジタル化（2002年~2009年）、最新のSNSと配信技術の活用（2009年~2017年）、オンラインでの存在感の大幅拡大と外交戦略への利用（2017年~2021年）である。なお、この年代は、はっきりそこで区分されるものというよりは目安のようなものだと思われる。関連する他の資料と照らし合わせると、この区分にうまく収まらないものもある。すべてを紹介すると長くなるので、かいつまんでご紹介したい。

・初期のデジタル化（2002年～2009年）

1993年、ソ連のアフガニスタン撤退後、タリバンが台頭し、1996年に「アフガニスタン・イスラム首長国」を設立した。タリバンは国内で写真やテレビ、インターネットを禁止する一方で、西側メディアへのアピールのために1998年に最初のサイトを立ち上げた。

2001年の9・11同時多発テロとアメリカのアフガニスタン侵攻の後、一時的に崩壊したタリバンは、自分たちの正当性を宣伝し、アメリカとアメリカに支援されたアフガニスタン軍に否定的な印象を与える情報を流し始めた。2002年には、メディア部門を設立し、それまで禁止していたライブ映像を解禁した。アメリカ占領下で殺された民間人の死体などの映像は、アメリカを悪役にするためのプロパガンダに有用だった。

タリバンは、他のテロリストや反政府組織のプロパガンダを研究していた。たとえばアルカイダが人質の首をはねた映像を公開して国際的な話題になった時、タリバンも同じことを試みた。しかし、世論の反発が大きかったので射殺する方法に戻した。

2005年、公式ウェブサイトである「Al Emarah（英語、アラビア語、パシュトー語、ダリ語、ウルドゥー語）」が開設され、NATOの国際治安支援部隊（ISAF）との戦いの勝利などのプレスリリースを掲載しはじめた。その後、オーディオや動画も掲載するようになった。

２００８年までには、タリバンの情報発信は数人の個人に集約されていった。そのうちの１人（あるいは１つのグループ）が「Zabihullah Mujahid」と名乗り、その後タリバンのネット上のスポークスマンとなった。

・最新のＳＮＳと配信技術の活用（２００９年～２０１７年）

２００９年、タリバンは自身のサイトに、西側諸国がタリバンを貶めるキャンペーンを行っていると非難するメッセージを掲載した。そして既存メディアに頼るだけでなく、ＳＮＳで支持者や支援者の組織化を始めた。

まず２００９年にYouTubeのチャンネルを開始し、２０１１年にはフェイスブックとツイッターに最新情報を投稿するようになった。友好的なブロガーとのネットワークも開拓した。

タリバンは、プロパガンダ組織を拡大しつつ、いくつかの州で勢力を拡大し、軍事的にも活発となった。情報提供にも注力し、ＩＳＡＦやアフガン政府による発表に数時間先んじて、戦闘の詳細やコメントを西側のジャーナリストに提供していた。

ISISのバイラル・プロパガンダに注目し、同時に米国の連合軍がISISの戦闘員のSNSでの発言をもとに追跡し、殺害したことも重く見ていた。そして、その知識を生かして2015年にTelegramとWhatsAppのチャンネルを開設した。この動きはアウトリーチを向上させるだけでなく、暗号化された通信を行うことで米軍情報機関の盗聴を防ぐ目的があった。

タリバンのプロパガンダは、徐々にISISのコンテンツに似てきた。映像の質は向上し、イスラム教のナシード（詠唱）に合わせた銃撃戦や自爆攻撃などのアクションに新たな重点が置かれ、時にはドローンで撮影することもあった。2015年から2016年にかけて多くのタリバン戦闘員がスマホを携帯し、戦闘地域の映像を公開するようになった。

この大西洋評議会の記事「Before the Taliban took Afghanistan, it took the internet」には、2017年からアメリカの情報が公開されなくなったと書かれていたが、実際にはそれ以前のこの時期にはすでに情報の隠蔽と捏造が行われていたことが「The Afghanistan Papers: A Secret History of the War」（『ワシントン・ポスト』2021年8月31日）で暴かれている。その一部が「Deceptions and lies: What really happened in Afghanistan」という記事で、2021年8月10日に『ワシントン・ポスト』に掲載された。アメリカにはアフガニスタンでうまくいっていないことを公にしたくない政治的事情があり、アメリカ軍、諜報機関、政府の間で情報がうまく共有されず、結果として適切な対処ができていなかったのだ。

また、『ニューヨーク・タイムズ』の「Taliban Using Modern Means to Add to Sway」によると2011年の時点ですでにタリバンがアメリカ撤退後を見据えて携帯電話網を手中に収めつつあったことがわかる。電波を利用できる時間を制限することによって密告者の通信手段、アメリカの盗聴や追跡を遮断し、心理戦を繰り広げていた。

うまく機能していないアメリカやアフガニスタン政府に対し、タリバンは着々とそのSNSを高度化して影響力を広げていったのだ。

・オンラインでの存在感の大幅拡大と外交戦略への利用（2017年から現在まで）

2017年になると、アメリカとアフガニスタン政府が、現地の状況についてあまり情報を公開しなくなった。さらにアフガニスタン政府は、「安全上の理由」を挙げ、国内の

WhatsAppとTelegramを20日間停止するよう命じたが、ジャーナリストたちや国民の激しい反発を招き、撤回した。これによってアフガニスタン政府は信頼を失った。

アメリカとアフガニスタン政府からの情報が減り、検閲が行われているのを横目に、タリバンは自分たちの情報のほうがアクセスしやすく、透明性が高いと主張した。さらに通信網を破壊して、アフガニスタン政府の情報発信能力を削ぎ、情報の空白を作り、それをタリバン発信の情報で埋めるようにした。

2018年、アフガニスタン政府は、タリバンとの3日間の無条件停戦を発表し、2001年以来の停戦となった。この時点で、アフガニスタンの家庭の約40%がインターネットを利用し、90%が携帯電話を利用しており、SNSは市民生活の一部となっていた。

2019年に入ると、タリバンのネット上のプロパガンダはさらに完成度を高めた。進行中の戦闘に関するニュースを次々と英語で発信し、インフォグラフィックや短いビデオクリップを添えた。Zabihullah Mujahidのツイッターのアカウントのリーチを高めるために、スパムアカウントのネットワークも作り上げ、定期的にメッセージを拡散するようになった。

また、国際社会に向けての発言は慎重になってきた。たとえば、2019年に起きたニュージーランドの反イスラムのテロ事件について、「ニュージーランド政府に対し、このような事件の再発を防止するとともに、このようなテロの原因を突き止めるための包括的な調査を実施するよう求める」と述べた。復讐を呼びかけたアルカイダやＩＳＩＳの指導者たちの声明とは対照的だ。

また、２０１９年のアフガニスタンの大統領選では、AlFathというハッシュタグを用いたネット世論操作があったことが、デジタル・フォレンジック・リサーチラボのレポート「Suspicious Twitter accounts boosted Taliban hashtag prior to Afghan election」で明らかになっている。

２０１９年、アメリカはタリバンと和平交渉に入り、翌年には、アフガニスタンでテロ活動しないことをタリバンが保証する見返りとして、２０２１年5月までにすべてのアメリカ軍を撤退させることで合意した。この合意によってタリバンの国際的な正当性は大幅に高まった。同時に、タリバンはアフガニスタン政府軍への攻撃を強めた。

アメリカとの和平協定は大きなターニングポイントになった、と前掲「How the Taliban did it: Inside the 'operational art' of its military victory」は書き、和平協定がなければ、カブールを手に入れるのは容易ではなかっただろうとしている。

2019年8月8日の『New York Times』の記事、「The Propaganda War Intensifies in Afghanistan as the Taliban Gain Ground」では、タリバンが勢力を伸ばす中で、アフガニスタン政府とタリバンの間でプロパガンダが重要度を増していると報じられた。アフガニスタン政府は国民のパニックを抑え、兵士や民兵の士気を高めなければならない。タリバンは勝利していることを伝え、政権を奪還する意義を訴えていた。

現在のタリバンは、SNSをうまく使いこなしている。『ワシントン・ポスト』の記事「Today's Taliban uses sophisticated social media practices that rarely violate the rules」は、タリバンが針の穴を通すようにSNSのルールをうまくかいくぐって利用していると報じている。そして、洗練され、高度であることから、少なくともひとつのPR企業が支援していると分析している。タリバンは、今後もSNSを通じて影響力を行使してゆくことが予想される。

タリバンそのもの以上に問題なのは、これがタリバンに留まらない可能性があることだろう。タリバンはISISやアルカイダ、ロシアのネット世論操作を参考にしていた。同じように、現在のタリバンのような「SNSの武器化」を参考にしているグループがあるはずだ。前掲の過激派はその一例に過ぎない。今後、アメリカの機関などによってタリバンのSNS利用方法が詳細に分析されればされるほど、そのSNS武器化レシピは多くに参照されて広まっていく。

表現は適切ではないが、タリバンの「勝利」は過激派グループに、ジョン・レノンの『イマジン』のような夢を与えてしまった。『イマジン』は、平和で幸福な世界を語り、たった一人でも夢を追うことの大事さを訴えた名曲だ。しかし、タリバンはテロ組織でもここまで大規模なことができるのだという夢を与えてしまった。前掲のデジタル・フォレンジック・リサーチラボの記事には、タリバンが過激派の夢を掻き立てた、と書いている。2021年初頭にアメリカで起きた合衆国議会議事堂襲撃は、混沌とした時代の序章に過ぎないのかもしれない。その時は日本も例外ではない。（初出ニューズウィーク日本版2021年10月13日）

あとがき

2018年に、『フェイクニュース　新しい戦略的戦争兵器』（角川新書）を上梓した際、次のような文をあとがきに書いた（若干手直ししてある）。

〈以下、引用〉

本書を執筆しながら何度も、「なんでこの本を書いているんだろう？」と自問していました。私は小説家であって、ジャーナリストでも評論家でもありません。余技というにはかなり労力とリスクのある仕事でした。いつも答えは同じです。「他に誰もやっていないから」。

「他の誰かが書いてくれていればいいのに」とたびたび思いました。そうすれば私はそれを踏み台にして書けばよいのです。最初に石を投じるのはいろいろなリスクを伴いますので、やりたくないなあと思っていたのですが、待っていても誰もやらないのでやはり自分でやることにしました。

石を投げた以上は波紋が拡がってほしいと思うのですが、その一方で非難や批判が来るのも嫌だなあと思います。本書の議論を深めるものなら歓迎ですが（特に実際に検証を行った結果での反論は大歓迎というか素直にひれ伏します）、そうでない感情的な反発や論理を超越した論理で攻撃されるのはちょっと怖いです。

〈引用終わり〉

今回もまったく同じ気持ち、いや前回以上にそう思った。この分野の書き手は増えたが、個々の事象をレポートするのに追われているようだ、と感じるのはおそらく私の個人的な印象なのだろう。他に書き手がいるなら私が書く必要はない。私がこうしたテーマを扱うのも今年が最後になるかもしれない。

第5部について、あっさりと終わっていて拍子抜けした方もいるかもしれないが、これだけで一冊になるテーマなので、あえて深掘りを避けた。次に扱うテーマは、これになるかもしれない。

本書の執筆を始めた頃に、ご縁があって明治大学サイバーセキュリティ研究所（https://

www.cslab.tokyo/）の客員研究員を拝命した。日本では数少ない情報安全保障を中心に研究を行っている組織だ。そこで、ネット世論操作のプレイブックをまとめるのが最後の仕事になりそうだ。

刊行にあたってご尽力いただいた扶桑社の高谷洋平氏には深くお礼を申し上げたい。連載中からアドバイスをいただき、転載をご快諾くださったニューズウィーク日本版オンライン編集長江坂健氏にはひとかたならぬお世話になりました。ありがとうございます。

本書がウクライナ侵攻やネット世論操作、影響工作に関心を持つ方の一助になれば幸いである。

晩春のバンクーバーにて。

一田和樹

〈参考文献について〉

本書の参考文献については、列挙するのに数が多すぎるのと、Ｗｅｂで公開されている文書が中心のため、すぐにリンクから飛べるようにhttps://note.com/ichi_twnovel/n/n114e47de3ad8で公開しています。原典に当たりたい方はそちらをご覧ください。その後の動きに関する資料も補足する予定です。

一田和樹（いちだ かずき）
小説家およびサイバーセキュリティの専門家、明治大学サイバーセキュリティ研究所客員研究員。IT企業の経営を経て、2011年にカナダの永住権を取得。同時に小説家としてデビュー。サイバー犯罪をテーマにした小説とネット世論操作に関する著作や評論を多数発表している。『原発サイバートラップ』、『天才ハッカー安部響子と五分間の相棒』（共に集英社）、『フェイクニュース　新しい戦略的戦争兵器』（角川新書）、『新しい世界を生きるためのサイバー社会用語集』（原書房）など著作多数

編　　集　高谷洋平
D　T　P　オフィスメイプル
デザイン　堀図案室
写　　真　GettyImages

扶桑社新書 438

ウクライナ侵攻と情報戦

発行日 2022年7月1日　初版第1刷発行

著　　者………一田和樹
発 行 者………小池英彦
発 行 所………株式会社 扶桑社
〒105-8070
東京都港区芝浦1-1-1　浜松町ビルディング
電話　03-6368-8870（編集）
03-6368-8891（郵便室）
www.fusosha.co.jp

印刷・製本………中央精版印刷株式会社

Printed in Japan　ISBN 978-4-594-09218-4